DK 621.855

FORSCHUNGSBERICHTE
DES LANDES NORDRHEIN-WESTFALEN

Herausgegeben durch das Kultusministerium

Nr. 931

Dipl.-Ing. Hans-Günther Rachner

Institut für Maschinen-Gestaltung und Maschinen-Dynamik
der Rhein.-Westf. Technischen Hochschule Aachen
Leiter: Prof. Dr.-Ing. K. Lürenbaum

Ein Beitrag zur Frage der Kettenradverzahnung

Als Manuskript gedruckt

WESTDEUTSCHER VERLAG / KÖLN UND OPLADEN

1961

ISBN 978-3-663-03498-8   ISBN 978-3-663-04687-5 (eBook)
DOI 10.1007/978-3-663-04687-5

G l i e d e r u n g

1. Einführung . . . . S. 5

2. Die für die Geometrie der Kettenrad-Verzahnung wesentlichen Merkmale . . . . S. 5

3. Grenzen der Möglichkeit zur Gestaltung der Zahnform . . . S. 7

4. Die Frage der optimalen Verzahnung . . . . S. 47

5. Analyse der genormten Verzahnung . . . . S. 54

6. Die Ausrundungsradien . . . . S. 60

7. Zusammenfassung . . . . S. 61

1. Einführung

Aus der Zusammenarbeit des Instituts mit der kettenherstellenden Industrie ergab sich eine weitgehende Unklarheit in der Frage, welche Gesichtspunkte bei der Auslegung einer Kettenradverzahnung zu beachten sind. Vor Verabschiedung der Normblätter DIN 8186 bis 8188 wurden daher von der Kettenindustrie Untersuchungen angeregt mit dem Ziel

1. wesentliche Einflußgrößen zu bestimmen, die die Auslegung einer Kettenradverzahnung betreffen.

2. Richtlinien zu erarbeiten, die die Festlegung einer Kettenradverzahnung für Sonderfälle ermöglichen.

3. Eine Beurteilung der jetzt als Normblätter DIN 8186 bis 8188 festgelegten Normverzahnung abzugeben.

Die folgenden Untersuchungen beziehen sich im wesentlichen auf eine zweckmäßige Gestaltung der Zahnform. Es wird angegeben, in welchem Zusammenhang die Zahnform zu den maßgebenden Daten des jeweiligen Triebes stehen und es wird versucht, nach dem jetzigen Stand der Untersuchungen eine günstige Zahnform zu bestimmen.

2. Die für die Geometrie der Kettenrad-Verzahnung wesentlichen Merkmale

Die für die Geometrie der Kettenrad-Verzahnung wesentlichen Merkmale sind:

> Der Flankenwinkel,
> das Zahnlückenspiel
> und die Ausrundungsradien.

Bei Rädern mit geraden Zahnflanken lassen sich alle denkbaren Zahnformen durch Variation des Flankenwinkels und des Zahnlückenspieles erreichen, wie die folgende Abbildung 1 zeigt.

Die Herstellung von Rädern mit geraden Zahnflanken ist durch Wälzfräser nur möglich, wenn für jedes Rad ein besonderer Fräser zur Verfügung steht. Deshalb sind schon aus wirtschaftlichen Erwägungen Räder mit gekrümmten Zahnflanken üblich.

Man wird aber versuchen, bei der Festlegung einer Norm für die Kettenradverzahnung, einen als günstig festgestellten Flankenwinkel und ein bevorzugtes Zahnlückenspiel durch die gekrümmte Flanke anzunähern. Aus

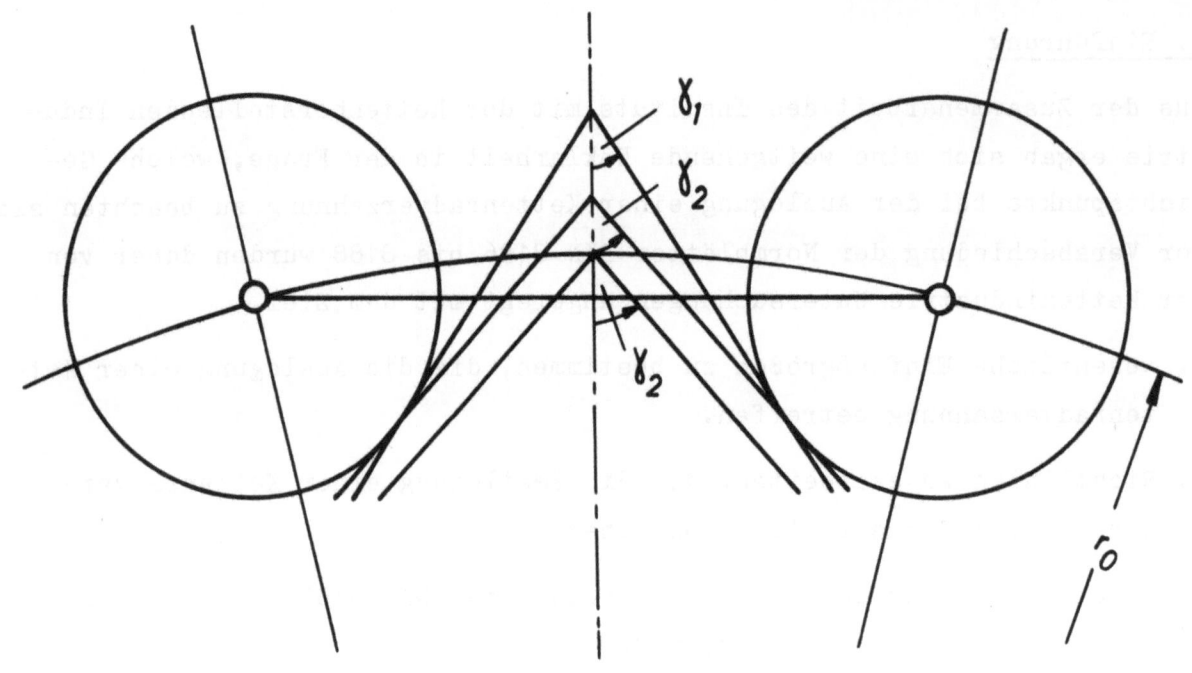

A b b i l d u n g 1
Aufbau der Verzahnung aus Flankenwinkel und Zahnlückenspiel

diesem Grunde sollen sich die ersten Überlegungen auf Räder mit geraden Zahnflanken beziehen.

Dazu wird der Flankenwinkel wie folgt definiert:

Der "Flankenwinkel der Verzahnung" sei der Winkel zwischen der Symmetrieachse eines Zahnes und der Tangente an den Zahn im Berührungspunkt von Rolle und Zahn.

Der "wirksame Flankenwinkel der Verzahnung" sei der Winkel zwischen der Verbindungslinie zweier Rollenmitten und der Normalen im Berührungspunkt zwischen der dem Leertrum nähergelegenen Rolle und dem zugehörigen Zahn.

Der Zusammenhang zwischen dem Flankenwinkel der Verzahnung γ und dem wirksamen Flankenwinkel γ_w ist

$$\gamma_w = \gamma - \delta$$

wobei δ ein Winkel ist, der angibt, um welchen Betrag die Rollenmitten beispielsweise infolge des Zahnlückenspieles aus der Zahnlückenmitte verschoben sind.

Das Zahnlückenspiel S sei definiert als Verhältnis $\delta t/t$, ausgedrückt in %. Dabei sei δt die mögliche Teilungsverminderung eines auf dem

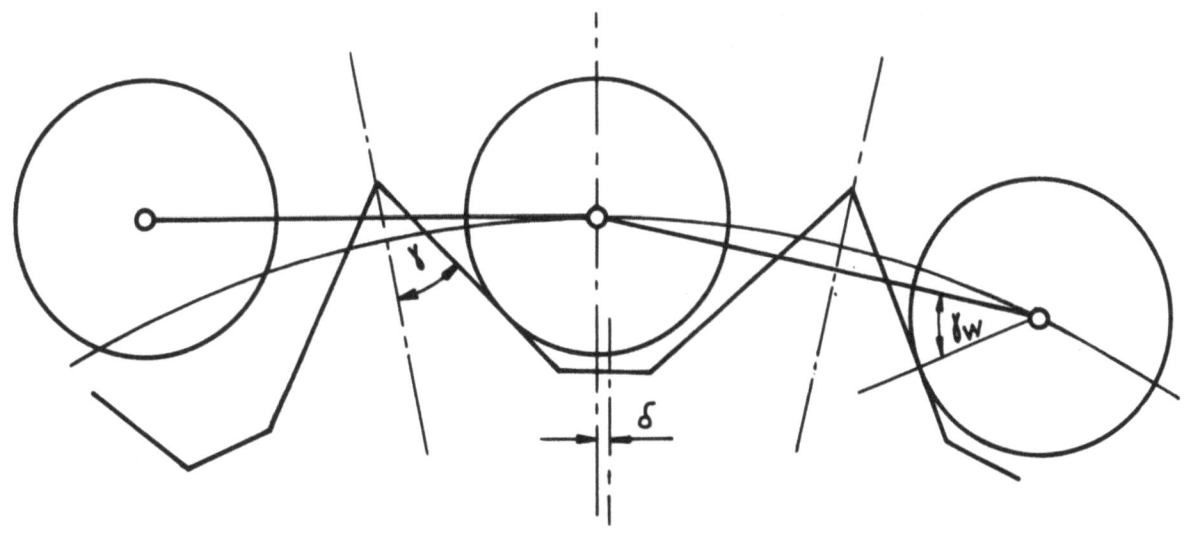

Abbildung 2
Definition des Flankenwinkels

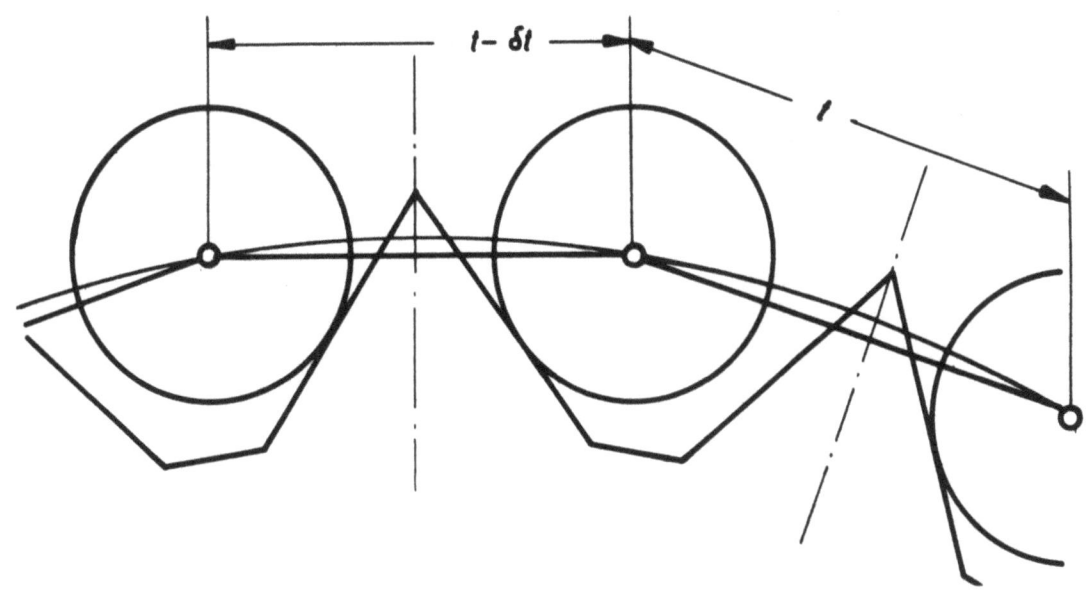

Abbildung 3
Definition des Zahnlückenspieles

Teilkreis befindlichen Kettengliedes, bei der das Glied mit seinen beiden Rollen einen Zahn berührt.

3. Grenzen der Möglichkeit zur Gestaltung der Zahnform

Die Möglichkeiten zur Gestaltung einer Kettenradverzahnung sind begrenzt. Der größtmögliche Zahn wird festgelegt durch die sogenannte Triebstockverzahnung. Der kleinste Zahn ergibt sich bei Rädern mit mehr als 50 Zähnen aus einer zu fordernden maximalen Aufnahmemöglichkeit von durch Verschleiß gelängten Ketten. Bei Rädern mit weniger als 50 Zähnen wird der kleinste Zahn durch die Forderung begrenzt, daß die Kette nicht über die Zähne springen darf.

Die folgende Skizze zeigt die beiden extremen Zahnformen. Innerhalb der so vorgegebenen Grenzen kann die Verzahnung variiert werden.

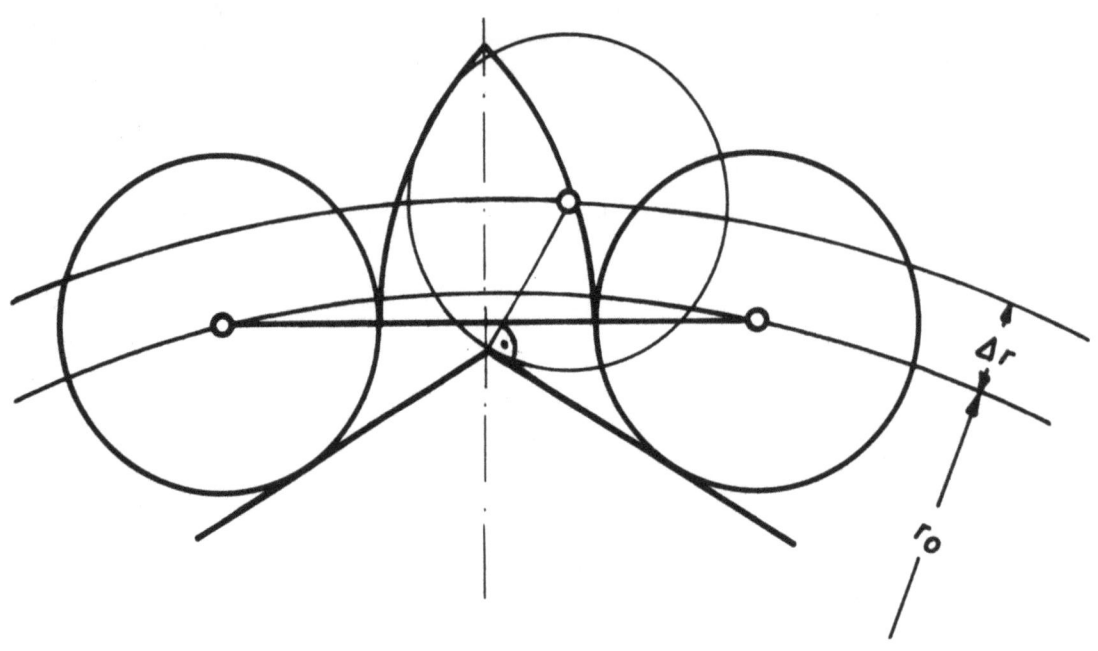

Abbildung 4
Grenzen der Zahnform

3.1 Bestimmung von γ_{max} ($\Delta t/t$), so daß eine vorgegebene Verschleißlängung der Kette noch aufgenommen werden kann

Der kleinste sinnvolle Zahn und damit der größte Flankenwinkel γ_{max} wird u.a. dadurch bestimmt, daß die Verzahnung in der Lage sein soll, auch mit einer verschlissenen Kette zu arbeiten.

Nach dem Stand der Technik wird die Lebensdauer eines Kettentriebes durch eine 2 bis 3 %ige Verlängerung der verschlissenen Kette begrenzt. Also sollte auch die Verzahnung in der Lage sein, eine um 3 % verlängerte Kette aufzunehmen.

Anhand von Laufversuchen wurde die Lage der verschlissenen Ketten in der Verzahnung bestimmt. Dabei wurden anstelle von verschlissenen Ketten solche eingesetzt, bei denen die Außenteilung von vornherein um 6 % vergrößert gestanzt war. Diese Maßnahme ist sinnvoll, weil als Folge des Verschleißes sich nur die Außenteilungen vergrößern. Die Gesamtverlängerung der Kette betrug demnach 3 %.

Abbildung 5 zeigt die für die Messung gewählte Versuchsanordnung. An den vorderen, dem Kettentrieb zugewandten Lagerböcken wurde eine Lampenhalterung mit einer Plexiglasscheibe befestigt, die als Mattscheibe diente.

A b b i l d u n g   5
Die Lampenhalterung und Mattscheibe

Bei Einschalten der Lampen hebt sich die umlaufende Kette als Schattenriß auf dem hellen Hintergrund der beleuchteten Plexiglasscheibe ab. Eine gleichförmig umlaufende Kette kann auf diese Weise als stehendes Bild fotografiert werden. Für die Messungen wurde ein Kettenrad mit 57 Zähnen eingesetzt. Bei dieser Zähnezahl und einer um 3 % verlängerten Kette ergibt sich ein deutliches Aufsteigen der Kette aus der Verzahnung. Bei den Aufnahmen wurde eine möglichst kontrastreiche fotografische Behandlung angewendet. Deshalb fehlen die Grautöne an den Stellen, an denen die Kettenradzähne zwischen Fußkreis der Verzahnung und Kette erscheinen müßten.

Die Abbildungen 8 und 9 zeigen einen Ausschnitt der angefahrenen Betriebszustände, wobei das Meßrad als Antriebs- und Abtriebsrad eingesetzt war.

Im Zusammenhang dieses Berichtes seien nur diejenigen Ergebnisse der Messung erwähnt, die für die Abhängigkeit $\gamma_{max}(\Delta t/t)$ von Interesse sind.

Die Abbildungen 8 und 9 zeigen deutlich, daß die Kette nicht gleichmäßig über dem ganzen Umschlingungsbereich aufsteigt. Die Lage der verschlissenen Kette in der Verzahnung entspricht demnach nicht einem zum Kettenrad konzentrischen Kreis. Vielmehr besteht ein Kontaktpunkt zwischen dem Fußkreis der Verzahnung und der Kette, der auf dem Umschlingungsbogen in der Nähe des nicht belasteten Trums liegt.

Die analytische Behandlung des Aufsteigens einer Kette in der Verzahnung ist bei der gemessenen tatsächlichen Lage der Kette in der Verzahnung recht kompliziert. Im folgenden wird daher eine konzentrische Lage der Kette relativ zum Kettenrad angenommen und der Fehler, der in dieser Annahme begründet ist, ausgeglichen, indem gefordert wird, daß statt einer 3 % verlängerten Kette eine 4 % vergrößerte Teilung von der Verzahnung noch aufgenommen werden muß.

In Abbildung 6 ist die gedachte konzentrische Lage einer um 4 % verlängerten Kette eingetragen in das tatsächliche Laufbild einer um 3 % verlängerten Kette.

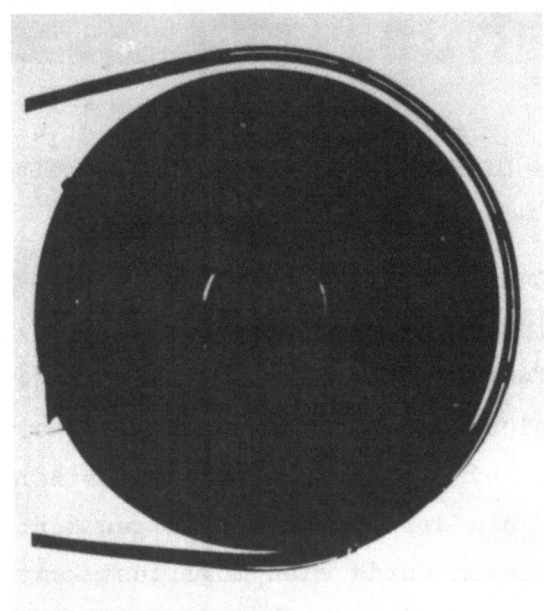

A b b i l d u n g   6
Die Abweichung zwischen konzentrischem und tatsächlichem
Laufbild einer verschlissenen Kette

Bei Annahme der zum Kettenrad konzentrischen Lage der verschlissenen Kette läßt sich der maximalmögliche Flankenwinkel graphisch bestimmen, der bei geraden Zahnflanken und einem spitzen Zahn eine 4 %ige Verschleißlängung der Kette aufzunehmen gestattet. Abbildung 7 zeigt die Konstruktion zur graphischen Bestimmung von γ_{max}.

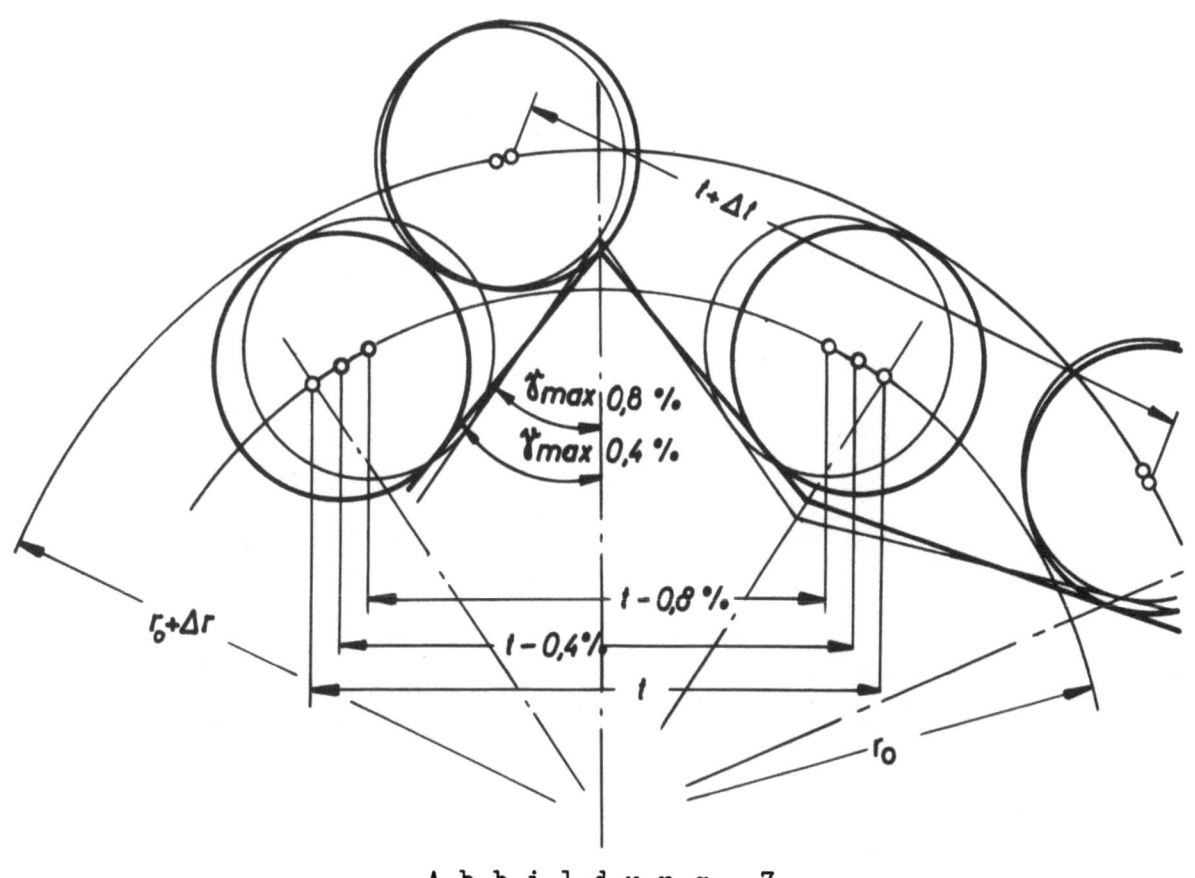

Abbildung 7
Graphische Bestimmung von γ_{max}

Als Parameter ist in diese Konstruktion ein Zahnlückenspiel von $S = \delta t/t$ = 0,4 % bzw. 0,8 % eingearbeitet.

Abbildung 10 gibt den auf graphischem Weg ermittelten Zusammenhang zwischen γ_{max} und $\Delta t/t$ bei den Parametern S = 0,4 % bzw. 0,8 % wieder. Für das Verhältnis t/d_1 wurde 1,58 eingesetzt. Das entspricht dem mittleren Quotienten von Kettenteilung und Rollendurchmesser für Rollenketten nach DIN 8187. Somit gilt die Abhängigkeit $\gamma_{max}(\Delta t/t)$ für Rollenketten aller Teilungen.

Es zeigt sich, daß der Flankenwinkel mit wachsender Zähnezahl und wachsendem Zahnlückenspiel abnimmt. Allerdings ist der Verringerung des Winkels γ_{max} eine Grenze dadurch gesetzt, daß das Profil der Triebstockverzahnung nicht überschritten werden darf. Der Grenzwinkel γ_{maxmin} ist 19,5° für Ketten mit t/d_1 = 1,58. Die Bestimmung von γ_{maxmin} wurde nach Abbildung 11 vorgenommen.

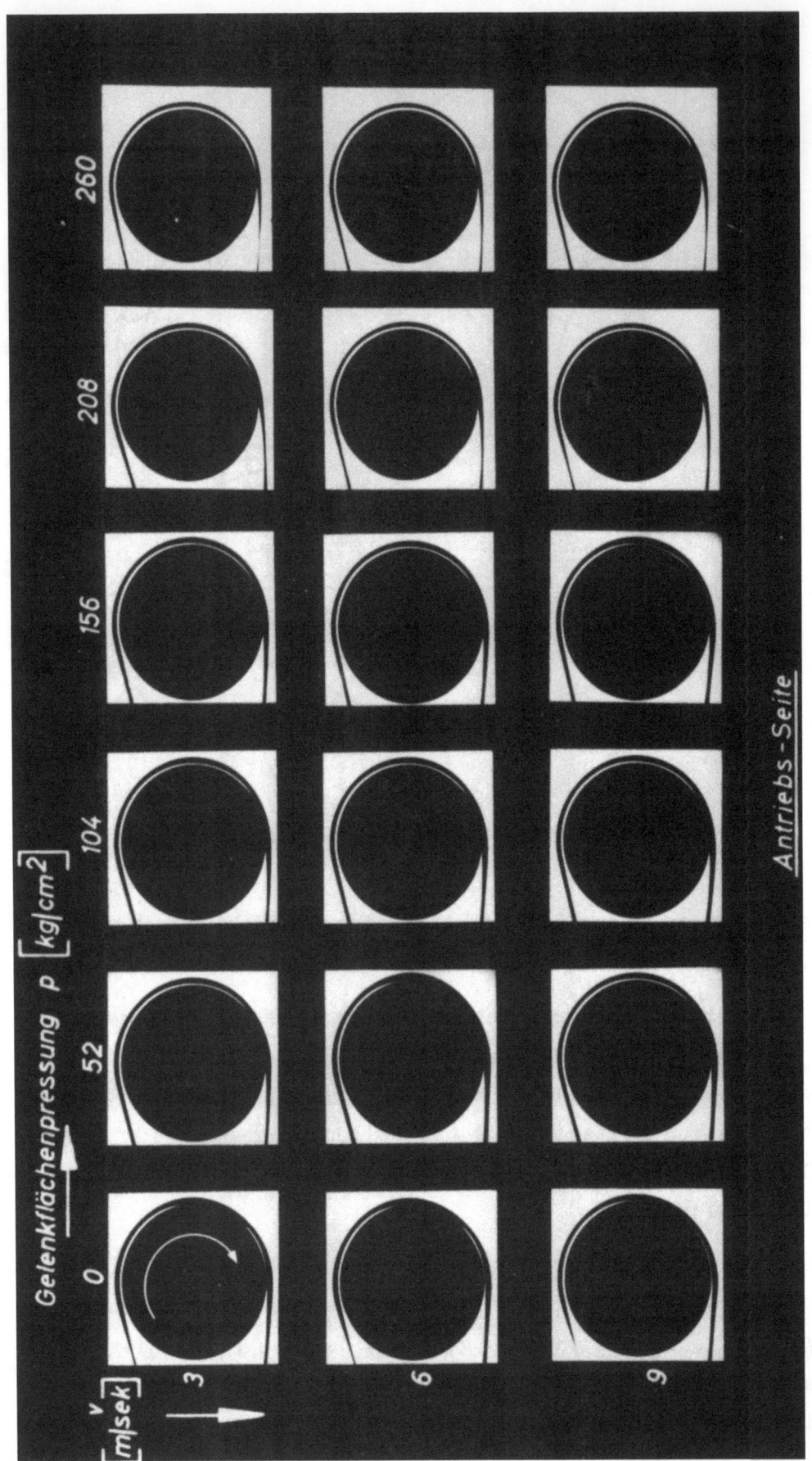

A b b i l d u n g   8
Die Lage der Kette in der Verzahnung

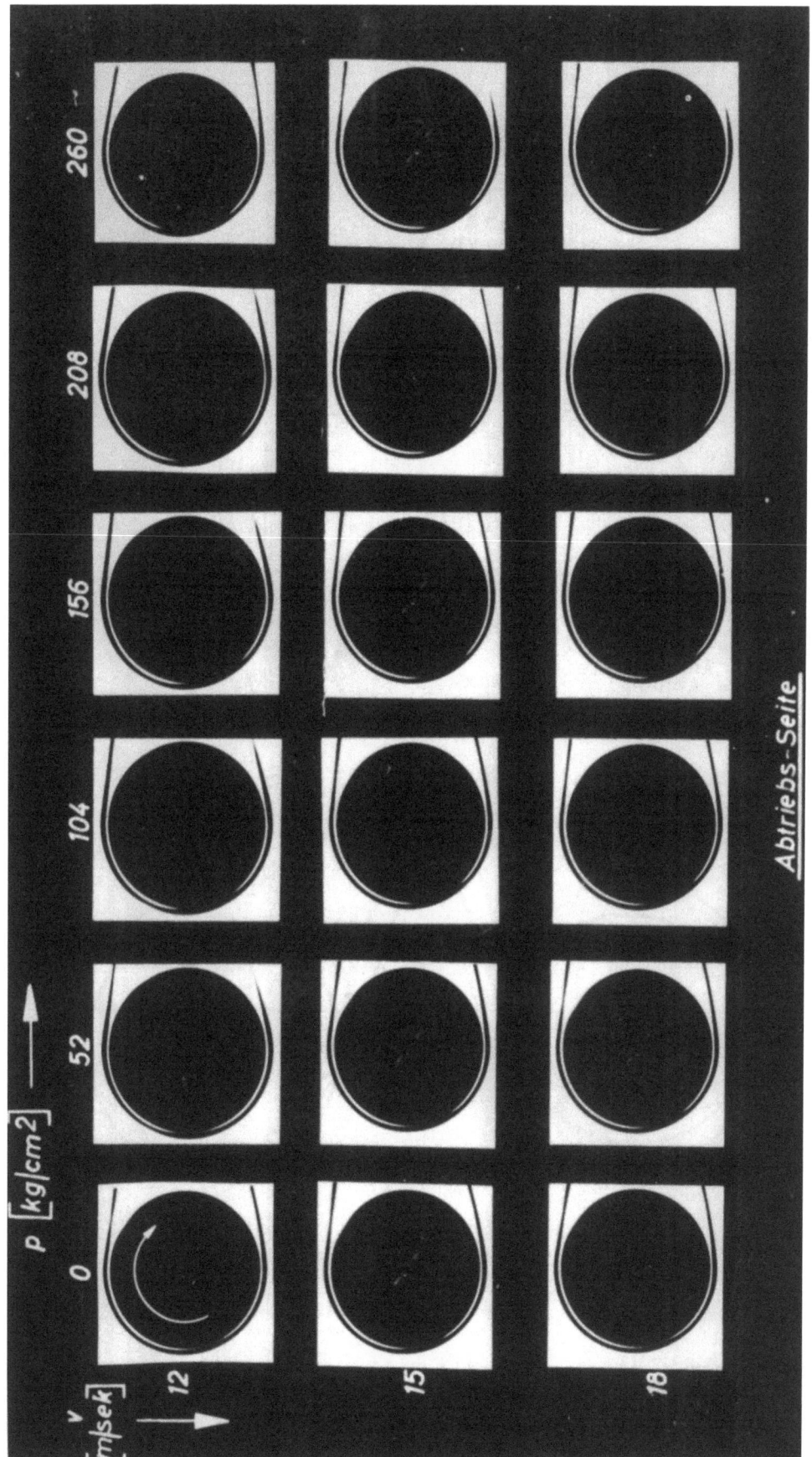

Abbildung 9
Die Lage der Kette in der Verzahnung

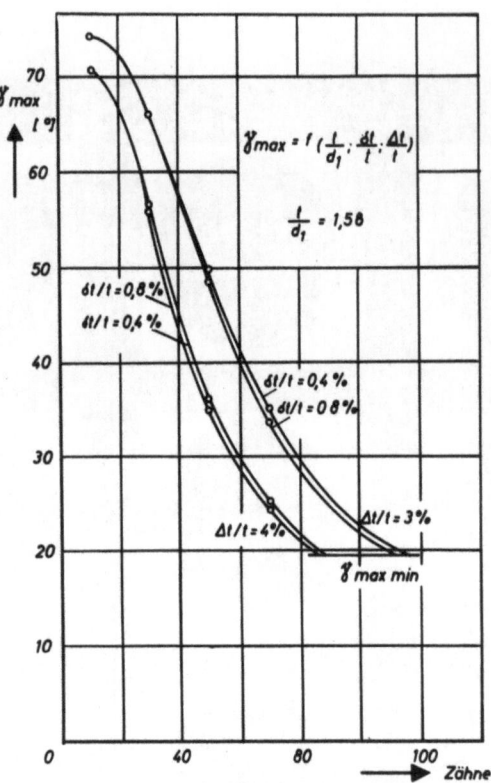

Abbildung 10
Die Abhängigkeit γ_{max} ($\Delta t/t$; $\delta t/t$; t/d_1; Z)

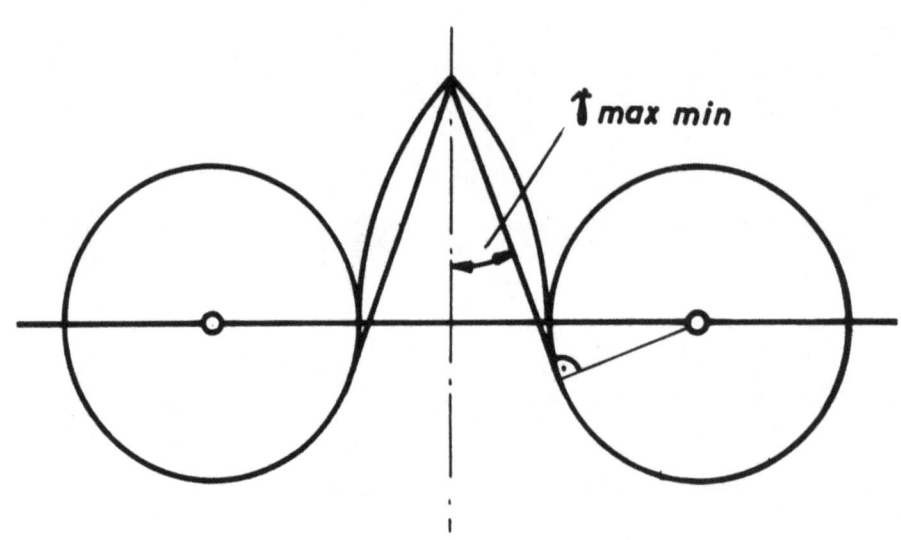

Abbildung 11
Graphische Bestimmung von γ_{maxmin} bei $t/d_1 = 1{,}58$

3.2 Bestimmung von γ_{min}, so daß die Rolle nicht gegen den Zahn stößt

Eine untere Grenze für den Flankenwinkel der Verzahnung ergibt sich aus der Tatsache, daß bei einer zu fordernden Aufnahmefähigkeit von verschlissenen Ketten ($\Delta t/t$) und dem Zahnlückenspiel $S = 0$ der Zahn nicht größer werden darf, als durch die Triebstockverzahnung vorgegeben. Ähnlich wie im Abschnitt 3.1 ist das mittlere Verhältnis $t/d_1 = 1,58$ für Rollenketten und eine konzentrische Anordnung der verschlissenen Kette in der Verzahnung der Konstruktion zugrundegelegt.

Das Verfahren zur graphischen Bestimmung von γ_{min} ($\Delta t/t$) ist aus der Abbildung 12 ersichtlich.

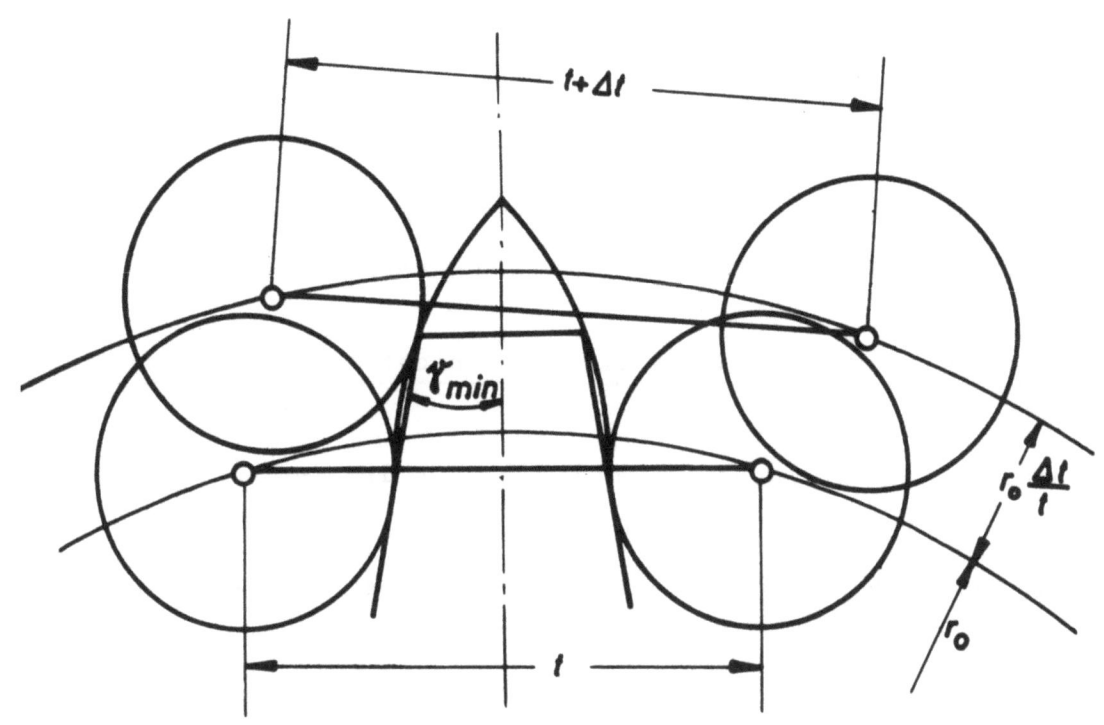

A b b i l d u n g   12
Graphische Bestimmung von γ_{min}

Für die Parameter $\Delta t/t$ = 4 % und 3 % sind die ermittelten Werte von γ_{min} in dem Diagramm, Abbildung 13, zusammengestellt. Es ergeben sich wachsende Winkel γ_{min} für wachsende Zähnezahlen und wachsende geforderte Werte von $\Delta t/t$. Auch hier gibt es den größten Winkel γ_{minmax} für $t/d_1 = 1,58$ für den Fall, daß die Spitze des Zahnes mit geraden Flanken mit der Spitze des Triebstockzahnes zusammenfällt. Dazu siehe Abbildung 11.

Natürlich können auch kleinere Flankenwinkel erreicht werden, wenn die Zahnflanke nicht gerade ausgebildet wird, oder das Zahnlückenspiel größer als Null ist. Allerdings haben gekrümmte Zahnflanken am Zahnkopf

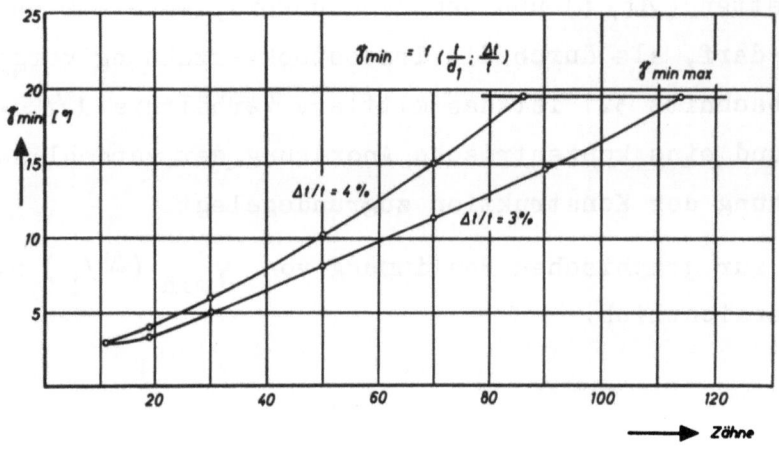

Abbildung 13
Die Abhängigkeit $\gamma_{min}(Z_j, \Delta t/t)$

auch größere Flankenwinkel als die gerade Flanke, die einen Mittelwert von γ_{min} für die gekrümmten Zahnflanken angibt.

3.3 Bestimmung von γ_{max}^*, so daß die Kette nicht über die Verzahnung springt

Der Mechanismus des Springens einer Kette über die Verzahnung kann in folgender Weise beschrieben werden.

Sobald die restliche über dem Kettenrad nicht abgebaute Kraft größer wird als der Stützzug des nicht belasteten Trums, überwiegt die heraustreibende Kraftkomponente P_H gegenüber der Reibungskraft R, wenn $tg\gamma_w > \mu$ (Abb.14). Das letzte, auf dem Kettenrad befindliche und dem nicht belasteten Trum benachbarte Glied beginnt in der Verzahnung aufzusteigen. Dort findet es kleinere wirksame Flankenwinkel der Verzahnung bei geraden Zahnflanken vor und es stellt sich ein neuer Gleichgewichtszustand ein.

Bei weiterer Belastung steigt das betrachtete letzte Glied immer weiter in der Verzahnung auf und veranlaßt dabei das benachbarte, auf dem Kettenrad befindliche Glied, mit aufzusteigen, bis schließlich das letzte Glied den Zahnkopf erreicht und über den Zahn springt. Dabei wird für den Augenblick des Springens der Restkraft in dem vorletzten Kettenglied das Gleichgewicht nicht mehr gehalten und es kann ebenfalls über den Zahn springen.

Auf diese Weise pflanzt sich in einer Art von Wellenbewegung das Springen der Kette über die Zähne des Kettenrades fort, bis schließlich auch das dem belasteten Trum benachbarte erste, auf dem Kettenrad befindliche

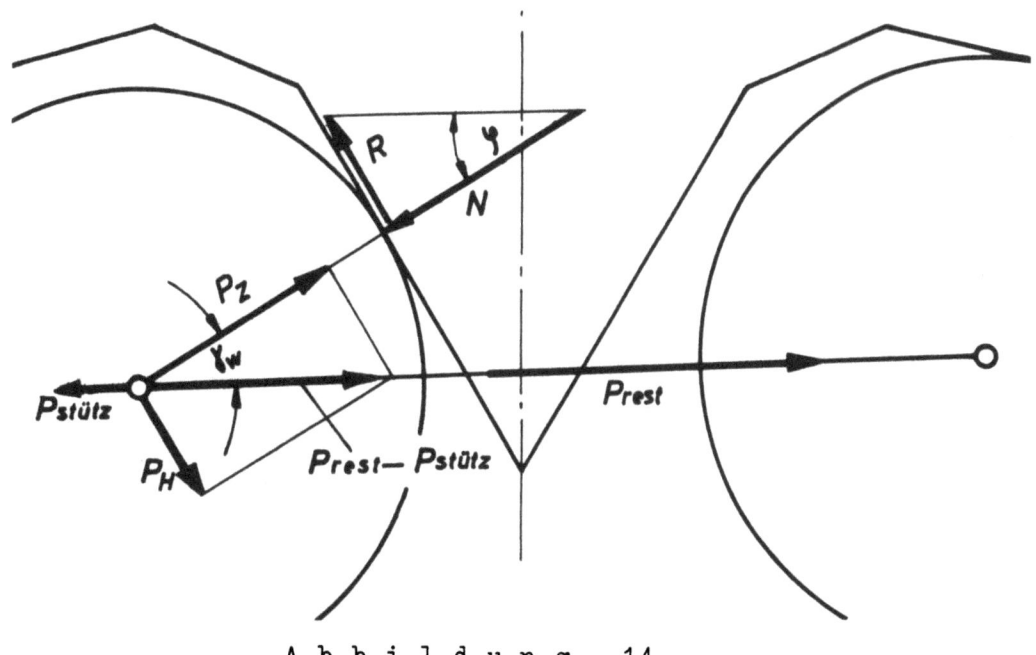

A b b i l d u n g   14
Kräfte auf das letzte, auf dem Kettenrad befindliche,
und dem Leertrum benachbarte Glied vor dem Springen

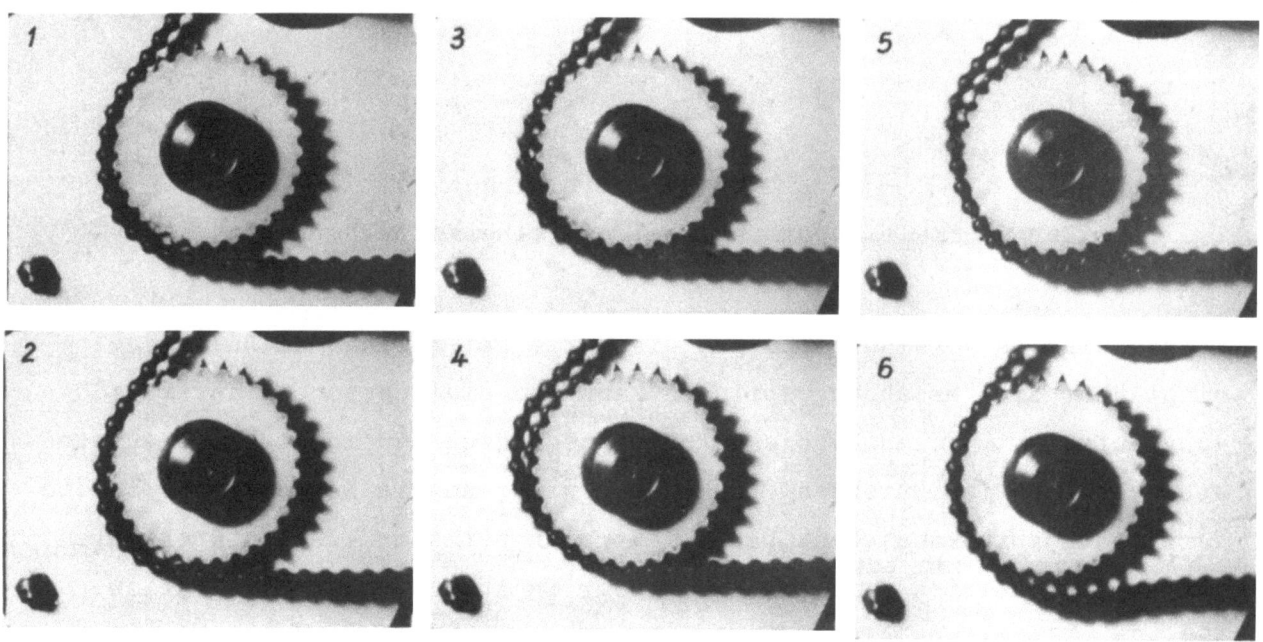

A b b i l d u n g   15
Das Springen der Kette über die Verzahnung

Glied gesprungen ist. Je nach der Labilität des angefahrenen Betriebszustandes wiederholt sich der beschriebene Vorgang mehr oder weniger schnell. Das Bewegungsverhalten der springenden Kette ist auf einem am Institut aufgenommenen Schmalfilm gut zu erkennen. Einzelaufnahmen aus dem Film sind in Abbildung 15 gezeigt und verdeutlichen das Wesentliche ebenfalls.

Nachdem der Mechanismus des Springens der Kette in der beschriebenen Form gedeutet ist, kann man leicht einsehen, daß der Durchhang des Leertrums, der ein Springen der Kette ermöglicht, gegeben ist, wenn ein einzelnes Kettenglied aus dem Kettenrad ausgeklinkt und der Achsabstand entsprechend eingestellt wird (Abb. 16).

Abbildung 16
Der minimale Durchhang, bei dem eine Kette "springt"

Ebenso wird es verständlich, daß die Kette bei geringerem Durchhang nicht über die Verzahnung springen kann und stattdessen in der Verzahnung aufsteigt, solange, bis der Stützzug durch den infolge des Aufsteigens verringerten Durchhang groß genug wird, um die Kette wieder in die Verzahnung zurückzuziehen. Dabei läßt sich bei sehr kleinen Drehzahlen ein ruhiger Betrieb ermöglichen, wie er in Abbildung 17 fotografiert ist. Im allgemeinen wird aber der Leertrum zu heftigen Schwingungen angeregt, wenn die Restkraft den Stützzug überwiegt und die Kette aus der Verzahnung gezogen wird.

Allgemein muß demnach für eine richtige Auslegung der Verzahnung gefordert werden, daß der wirksame Flankenwinkel der Verzahnung klein genug ist, so daß die Restkraft den Stützzug nicht überwiegt. Um die beiden maßgebenden Größen "Restkraft und Stützzug" richtig zu beurteilen, wurden gesonderte Untersuchungen angestellt.

A b b i l d u n g 17
Das Aufsteigen der Kette in der Verzahnung bei einem
Durchhang, der das Springen nicht gestattet

Die sogenannte "Restkraft"

Die Längskraftänderung in der Kette bei deren Lauf über die Kettenräder bei quasistatischem Betrieb sei zunächst betrachtet.

Aus Abbildung 18 kann die Kraftänderung der einlaufenden Kettenlasche in Abhängigkeit von der laufenden Koordinate φ der Raddrehung bestimmt werden:

$$P_1(\varphi) = \frac{P \sin(2\alpha + \gamma_w - \varphi)}{\sin(2\alpha + \gamma_w)} \quad . \tag{3.3/1}$$

Das Verhältnis der Längskraft in der n-ten eingelaufenen Kettenlasche und der Kraft in der n-1ten Lasche beträgt:

$$\frac{P_n}{P_{n-1}} = \frac{\sin \gamma_w}{\sin(2\alpha + \gamma_w)} = A \quad . \tag{3.3/2}$$

Dabei werden die Kettenlaschen vom belasteten Trum her fortlaufend numeriert. Da sich die Kraft in der n-ten eingelaufenen Lasche vermindert mit der Abnahme der Last in der einlaufenden Lasche, kann die Kraftänderung in der n-ten eingelaufenen Lasche in Abhängigkeit von dem Einlaufwinkel φ der einlaufenden Lasche angegeben werden:

$$P_n = P A^{n-1} \frac{\sin(2\alpha + \gamma_w - \varphi)}{\sin(2\alpha + \gamma_w)} \quad . \tag{3.3/3}$$

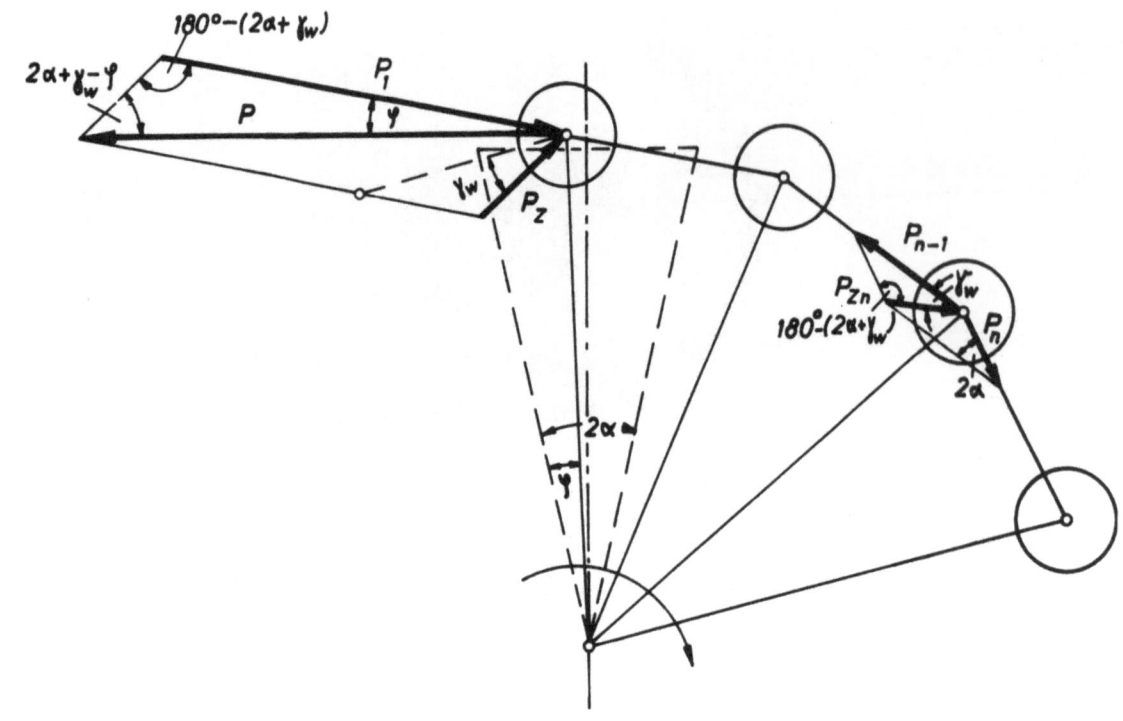

A b b i l d u n g 18
Längskraftänderung über den Kettenrädern

Die Abnahme der Längskraft über dem Umschlingungsbogen erfolgt von Glied zu Glied nach einer geometrischen Reihe. Die restliche über dem Umschlingungsbogen nicht abgebaute Längskraft in der Kettenlasche, die dem nicht belasteten Trum benachbart ist, errechnet sich zu:

$$P_{rest} = PA^{\frac{\beta \cdot z}{360}} \quad . \qquad (3.3/4)$$

Dabei bedeuten:

P = Zugkraft in dem belasteten Trum

P_n = Zugkraft in dem n-ten eingelaufenen Glied

P_{rest} = restliche über dem Umschlingungsbogen nicht abgebaute Kraft (kurz: Restkraft)

φ = laufende Koordinate der Raddrehung

2α = Teilungswinkel des Kettenrades

γ_w = wirksamer Flankenwinkel der Verzahnung

n = fortlaufende Numerierung der Kettenglieder auf dem Umschlingungsbogen, vom Lasttrum aus gezählt

A = Abbaufaktor

β = Umschlingungswinkel [°]

Die Zugkraft in der Kette wird aus dem Drehmoment und dem Teilkreisdurchmesser errechnet und ist der Rechnung nach konstant. In der Kette wirken außer der Zugkraft der Stützzug und die Fliehkraft. Beide sind über dem Umschlingungsbogen konstant und werden demnach nicht abgebaut. Die dynamischen Belastungen der Kette treten mit der Zahnfrequenz, den Drehfrequenzen der Kettenräder und mit der Umlauffrequenz periodisch auf. Sie pflanzen sich auch über den Umschlingungsbereich in der Kette fort und ergeben demnach eine schwellende Restkraft in dem letzten auf dem Kettenrad befindlichen Glied.

In einer Reihe von Messungen wurde die Richtigkeit der Berechnung der Längskraftänderung über den Kettenrädern bestätigt. Zu diesem Zweck wurde in die Kette ein Meßglied eingebaut, das in Abbildung 19 gezeigt ist.

Auf den Innenseiten der Außenlaschen des Meßgliedes wurden aktive Dehnungsmeßstreifen geklebt, auf die Außenseiten Kompensationsstreifen, die infolge der Querdehnung die Brückenverstimmung noch verstärkten.

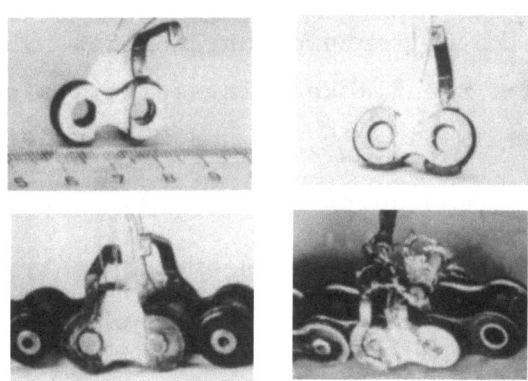

A b b i l d u n g   19
Das Meßglied und die Dehnungsmeßstreifen

Die aktiven und Kompensationsstreifen wurden jeweils in Reihe geschaltet. Beide zusammen bilden eine Halbbrückenschaltung. Für die Messung wurde ein Trägerfrequenzverstärker und ein Schleifenoszillograf eingesetzt. Die Trägerfrequenz betrug 5 kHz, die Schleifeneigenfrequenz 1,3 kHz.

Die Stromübertragung von dem Meßglied zur Meßbrücke erfolgte durch einen hochflexiblen Draht, der durch einen sogenannten Peitschentrieb zu einem Schleifringübertrager geführt war (Abb. 20).

Abbildung 20

Die Meßdrahtführung vom Meßglied über einen Peitschentrieb
und Schleifringübertrager zum Meßverstärker

Die Eichung wurde durch Belastung der Kette und eine direkte Zuordnung von mm Schriebhöhe zu kp Kettenbelastung möglich. Für die Messung wurden Kettenräder mit geraden Zahnflanken eingesetzt. Es standen Kettenräder mit den Flankenwinkeln γ = 10, 16, 22 und 28° zur Verfügung.

Aus dem gefahrenen Programm seien hier nur zwei Beispiele angegeben.

1. Vergleich der errechneten und gemessenen Längskraftänderung bei verschiedenen Flankenwinkeln der Verzahnung. Der Betriebszustand betrug

Zugkraft in der Kette P = 80 kp
Umfangsgeschwindigkeit der Kette, v = 4 m/sek
Zähnezahlen $z_1 = z_2$ = 19 Zähne
Kette   12,7 x 7,75 x 8,51   DIN 8187
Die Kettenräder hatten gerade Zahnflanken.

Der Vergleich zwischen Rechnung und Messung ist in Abbildung 21 angestellt worden. Die Übereinstimmung ist nach dem ersten Zahn noch nicht gegeben, weil dort die dynamischen Längskräfte im Trum einen zu starken Einfluß haben. Im Bereich des Umschlingungsbogens $n > 5$ war die Auswertung nicht mehr möglich, weil die Kraft in der Kette hier nur noch wenige Prozent der Trumkraft betrug und daher die Auswertung unmöglich wurde.

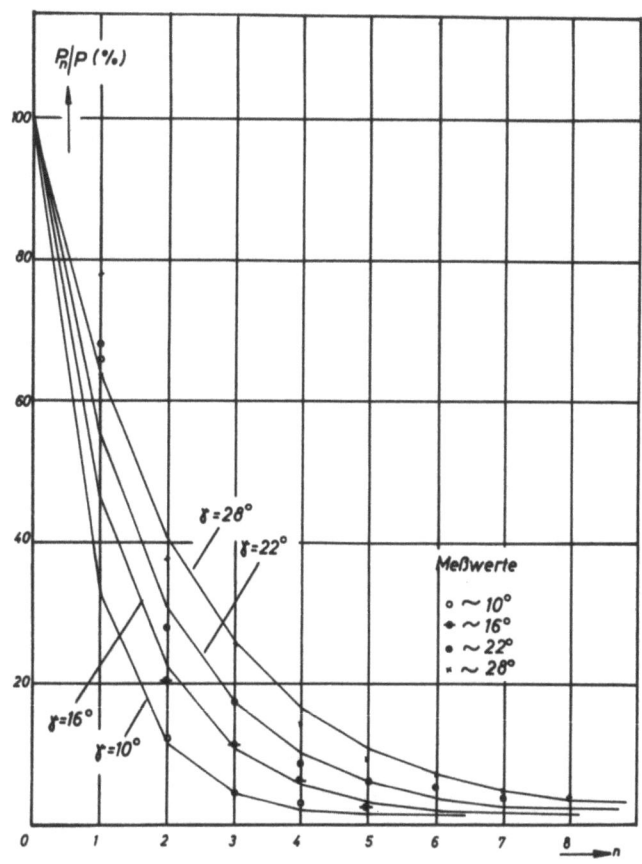

Abbildung 21

Einfluß des Flankenwinkels auf die Längskraftänderung
beim Lauf der Kette über die Kettenräder

2. Messung des Einflußes der Toleranz des Fußkreisdurchmessers auf die Längskraftänderung.

Betriebsdaten:

Zugkraft in der Kette:	$P = 109$ kp
Umfangsgeschwindigkeit	$v = 4$ m/sek
Zähnezahlen	$z_1 = z_2 = 19$ Zähne
Gliederzahl	$x = 76$ Glieder
Kette	12,7 x 7,75 x 8,51 DIN 8187

Die Kettenräder waren normverzahnt nach DIN 8196. Durch negative bzw. positive Toleranz des Fußkreisdurchmessers wurde die Lage der Kette in der Verzahnung verändert.

Bei positiver Toleranz liegt die Kette tief im Zahngrund. Sie findet dort relativ große Flankenwinkel vor und man erhält einen allmählichen Kraftabbau. Bei negativer Toleranz liegt die Kette relativ hoch in der

Verzahnung und man erhält bei kleineren Flankenwinkeln eine schnelle Kraftänderung.

Eine positive Toleranz des Fußkreisdurchmessers entspricht einer Vergrößerung der Kettenradteilung und umgekehrt.

Bei den Schrieben in Abbildung 22 wurden die Kettenradteilungen 12,7; 12,446 und 12,749 mm verwendet. Man erkennt deutlich den Einfluß der Toleranz des Fußkreisdurchmessers auf die Längskraftänderung.

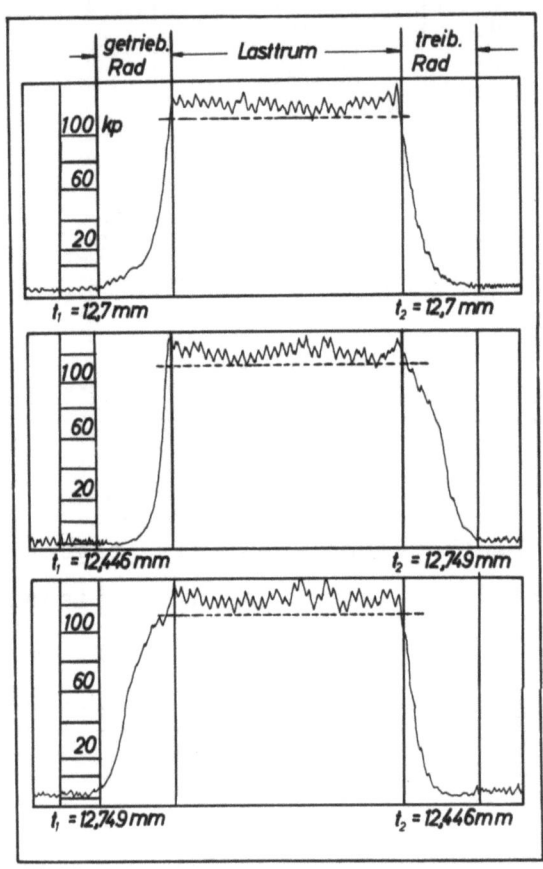

A b b i l d u n g   22
Einfluß der Toleranz des Fußkreisdurchmessers
auf die Längskraftänderung

In bezug auf die Überlegungen, die sich mit der Kettenradverzahnung befassen, kann als Ergebnis der angestellten Messungen gesagt werden, daß auch bei höheren Drehzahlen die für den quasistatischen Fall hergeleiteten Gleichungen eine ausreichende Näherung für die Berechnung der Längskraftänderung über den Kettenrädern ergeben.

Man wird also mit Hilfe der Gleichung (3.3/4) eine brauchbare Näherung für die restliche über dem Kettenradumfang nicht abgebaute Kraft erhalten.

Der Stützzug

Da als Ursache für das Springen der Kette über die Verzahnung ein Überwiegen der Restkraft gegenüber dem Stützzug angenommen wird, erscheint es ratsam, auch für die Berechnung des Stützzuges einige Hinweise zu geben. Es werden drei Näherungsverfahren zur Berechnung des Stützzuges untersucht. Dabei wird der in bester Näherung errechnete Stützzug mit Meßwerten verglichen und als ausreichend genau erkannt. Der Fehler, den man macht, wenn man den Stützzug in zweiter oder dritter Näherung errechnet, wird bestimmt und man erhält so die Möglichkeit, zu entscheiden, bis zu welchen relativen Durchhängen die jeweiligen Näherungsformeln genügend genaue Werte ergeben.

Die Berechnung des Stützzuges in bester Näherung:

Für die Berechnung des Stützzuges in bester Näherung wird angenommen

1. eine horizontale Lage des Trums,
2. eine gleichmäßig mit Masse behaftete Kette,
3. eine vollkommene Biegsamkeit der Kette in der Ebene, die durch die durchhängende Kette aufgespannt wird.

Diese Voraussetzungen treffen besonders bei größerem Achsabstand recht gut zu. Diese Tatsache ist erfreulich, weil auch gerade bei größerem Achsabstand die genaue Kenntnis des Stützzuges besonders interessiert.

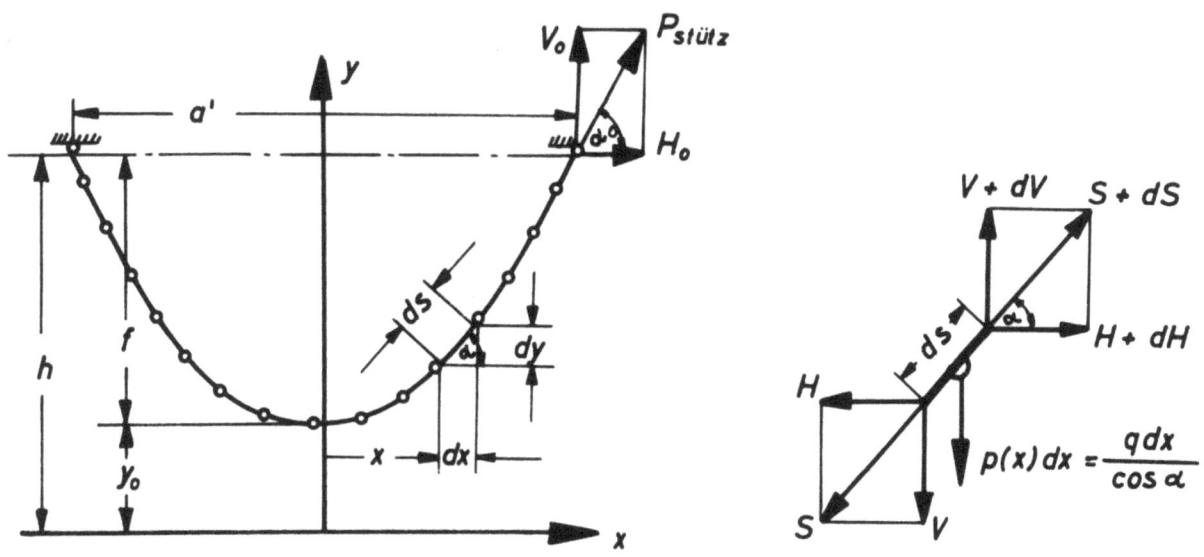

Abbildung 23

Bezeichnungen am durchhängenden Kettentrum

Die Differentialgleichung einer durchhängenden Kette ergibt sich durch Aufstellen der Gleichgewichtsbedingungen für ein Stück der Kette von der Länge ds.

Die Gleichgewichtsbedingungen für das Kettenstück der Länge ds lauten:

$$\Sigma X = 0$$
$$H + dH - H = 0 \longrightarrow dH = 0 \longrightarrow H = \text{konst} = H_o$$
$$\Sigma Y = 0$$
$$V + dV - V - p(x)dx = 0 \longrightarrow \frac{dV}{dx} = p(x)$$

mit

$$p(x)dx = qds = \frac{qdx}{\cos\alpha} \longrightarrow \frac{dV}{dx} = \frac{q}{\cos\alpha}$$

und

$$\text{tg}\alpha = \frac{dy}{dx} = \frac{V}{H_o}$$

folgt
$$y'' = \frac{dV}{dx} \cdot \frac{1}{H_o} = \frac{q}{H_o \cos\alpha} \quad . \tag{3.3/5}$$

Die Lösung der Differentialgleichung (3.3/5) lautet

$$y = y_o \cosh \frac{x}{y_o} \quad \text{mit} \quad y_o = \frac{H_o}{q} \quad . \tag{3.3/6}$$

Als Randbedingungen können eingesetzt werden

$$x = \frac{a'}{2} \quad ; \quad y = h$$

mit
$$h = y_o + f$$

wird die Gleichung (3.3/6) zu

$$y_o + f = y \cosh \frac{a'}{2y_o} \longrightarrow \frac{f}{a'} = f_r = \frac{y_o}{a'}\left(\cosh \frac{a'}{2y_o} - 1\right)$$

oder

$$\frac{a'}{y_o} = \frac{1}{f_r}\left(\cosh \frac{a'}{2y_o} - 1\right) \quad . \tag{3.3/7}$$

Dieses ist eine Funktion $y_o/a' = f(f_r)$. Ihre Lösung kann näherungsweise mit Hilfe der Regula falsi bestimmt werden. Abbildung 24 zeigt die Lösung der Gleichung (3.3/7) in dem interessierenden Bereich von f_r.

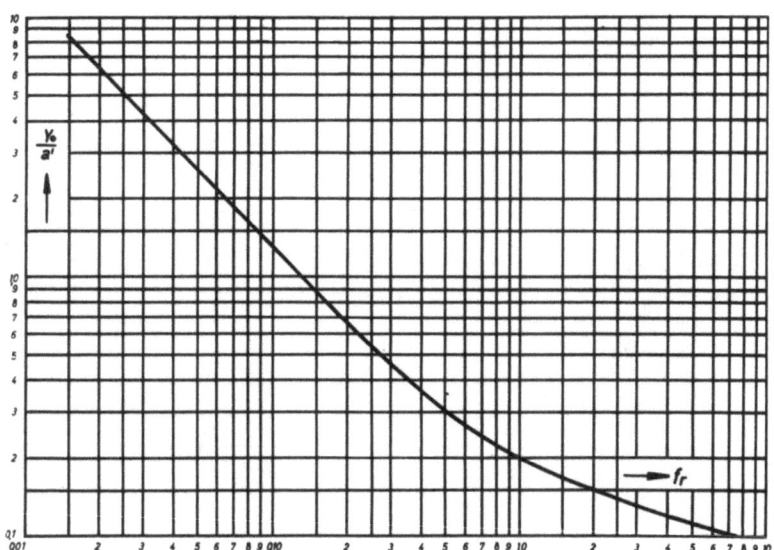

Abbildung 24

Lösung der Gleichung (3.3/7)

Damit errechnet sich der Stützzug der Kette zu:

$$P_{stütz} = \frac{H_o}{\cos\alpha_o} .$$

Der Winkel α beträgt:

$$tg\alpha = y' = \sinh\frac{x}{y_o} \qquad \alpha_o = \text{arctg}\left(\sinh\frac{a'}{2y_o}\right) .$$

Mit $H_o = y_o q$ wird der Stützzug der Kette

$$P_{stütz_1} = \frac{y_o q}{\cos\left[\text{arctg}\left(\sinh\frac{a'}{2y_o}\right)\right]} = f(q, a', f_r) .$$

Um eine für Rollenketten allgemein gültige Betrachtung zu ermöglichen, wird der Ausdruck für den Stützzug dimensionslos gemacht. Man erhält den sogenannten spezifischen Stützzug:

$$P_{stütz,spez_1} = \frac{P_{stütz}}{q \cdot a'} = \frac{\frac{y_o}{a'}}{\cos\left[\text{arctg}\left(\sinh\frac{a'}{2y_o}\right)\right]} = f(f_r) . \qquad (3.3/8)$$

Die Abhängigkeit $P_{stütz, spez, 1} = f(f_r)$ ist in Abbildung 25 graphisch dargestellt.

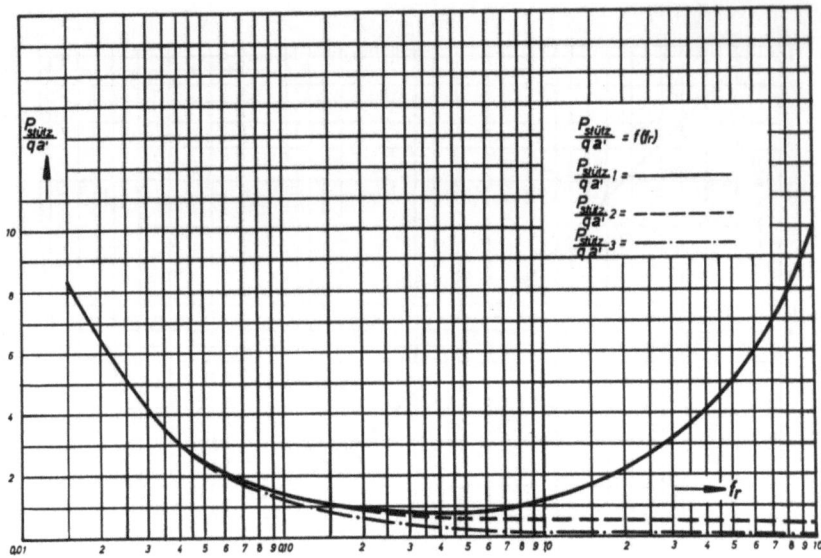

Abbildung 25
Der spezifische Stützzug

Der minimale spezifische Stützzug läßt sich erreichen bei einem relativen Durchhang der Kette von $f_r = 0,34 - 0,36$. Das exakte Minimum der Funktion $P_{stütz, spez.}$ ist nicht bestimmt worden. Der minimale spezifische Stützzug einer Kette beträgt etwa $0,7535$.

Die Berechnung des Stützzuges in zweiter Näherung

Für die Berechnung des Stützzuges in zweiter Näherung wird angenommen

1. eine horizontale Lage des Trums,
2. eine vollkommene Biegsamkeit der Kette in der Ebene, die durch die durchhängende Kette aufgespannt wird,
3. eine Belastung der Kette durch ihr Eigengewicht, wobei q = konst. ist über die Horizontalprojektion der durchhängenden Kette.

Diese Näherung kann nur bei relativ kleinem Durchhang genügend genaue Werte ergeben.

Die Differentialgleichung der durchhängenden Kette erhält man durch Aufstellen der Gleichgewichtsbedingungen für ein Kettenstück der Länge ds.

$$\Sigma X = 0 \longrightarrow H + dH - H = 0 \longrightarrow dH = 0 \longrightarrow H = \text{konst} = H_0$$
$$\Sigma Y = 0 \longrightarrow V - V - dV + q\,dx = 0 \longrightarrow \frac{dV}{dx} = q$$
$$y'' = \frac{d\left(\frac{dy}{dx}\right)}{dx} = \frac{d\left(\frac{-V}{H}\right)}{dx} = -\frac{1}{H_0}\frac{dV}{dx} = -\frac{q}{H_0} \quad . \tag{3.3/9}$$

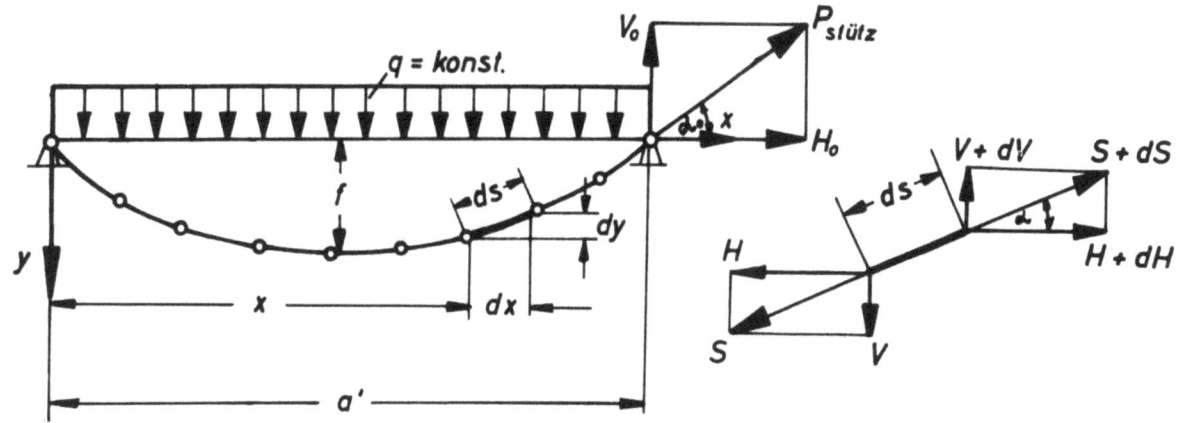

Abbildung 26
Der Lastfall für die zweite Näherung

Die Lösung der Differentialgleichung (3.3/9) lautet:

$$y = -\frac{q}{H_o}\left(\frac{x^2}{2} + c_1 x + c_2\right) .$$

Bei Einsetzen der Randbedingungen

$$y = 0 ; x = 0 \qquad y = 0 ; x = a' \qquad y = f ; x = \frac{a'}{2}$$

erhält man:

$$c_2 = 0 \qquad c_1 = \frac{a'}{2} \qquad f = y\left(x = \frac{a'}{2}\right) = \frac{q a'^2}{8H} .$$

Die Komponenten des Stützzuges betragen:

$$H_o = \frac{q a'^2}{8f} ; \quad V_o = H_o y'(x=0) = \frac{H_o}{H_o}\frac{q a'}{2} = \frac{q a'}{2} .$$

Der Stützzug selbst errechnet sich zu:

$$P_{stütz\,2} = \sqrt{H_o^2 + V_o^2} = \sqrt{\left(\frac{q a'^2}{8f}\right)^2 + \left(\frac{q a'}{2}\right)^2} = q a' \sqrt{\left(\frac{a'}{8f}\right)^2 + \left(\frac{1}{2}\right)^2} . \quad (3.3/10)$$

Der spezifische Stützzug ist:

$$P_{stütz,\,spez\,2} = \frac{P_{stütz\,1}}{q \cdot a'^2} = \sqrt{\left(\frac{a'}{8f}\right)^2 + \frac{1}{4}} = \sqrt{\left(\frac{1}{8f_r}\right)^2 + \frac{1}{4}} = f(f_r) . \quad (3.3/11)$$

Der spezifische Stützzug bei Anwendung der zweiten Näherung ist als Funktion von f_r in Abbildung 25 aufgetragen.

Der Fehler, der gemacht wird, wenn man statt der besten Näherung die zweite Näherung zur Berechnung des Stützzuges verwendet, ergibt sich nach der folgenden Formel:

$$F_{2-1} = \frac{P_{\text{stütz, spez 1}} - P_{\text{stütz, spez 2}}}{P_{\text{stütz, spez 1}}} \cdot 100\% \quad . \qquad (3.3/12)$$

Der Fehler ist abhängig vom relativen Durchhang f_r. Die Abhängigkeit ist im Diagramm Abbildung 27 aufgezeigt.

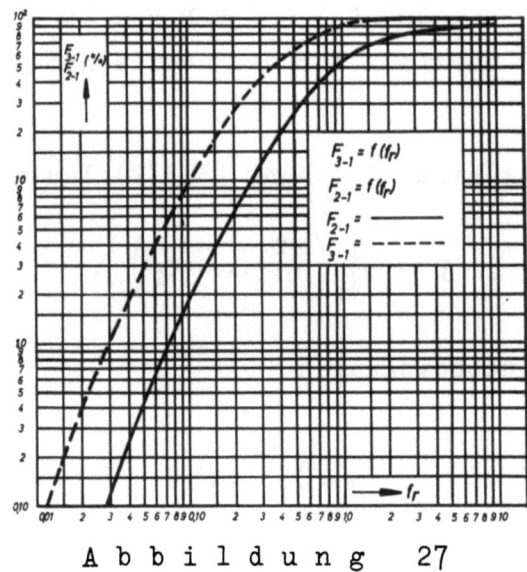

A b b i l d u n g   27

Der Fehler bei der Berechnung des Stützzuges
in zweiter bzw. dritter Näherung

Die Berechnung des Stützzuges in dritter Näherung

Die Berechnung des Stützzuges in dritter Näherung erfolgt analog zu der Berechnung im zweiten Abschnitt. Allerdings wird der Stützzug gleich der horizontalen Komponente des Stützzuges gesetzt. Diese Näherung führt bei kleinem relativen Durchhang zu recht guten Ergebnissen. Der Stützzug errechnet sich zu:

$$P_{\text{stütz 3}} = \frac{q \cdot a'^2}{8f} = q \cdot a' \frac{1}{8f_r} \quad . \qquad (3.3/13)$$

Der spezifische Stützzug beträgt:

$$P_{stütz, spez\,3} = \frac{P_{stütz\,3}}{q \cdot a'} = \frac{1}{8f_r} \quad . \qquad (3.3/14)$$

Der Fehler bei Anwendung der dritten Näherung gegenüber der Berechnung des spezifischen Stützzuges mit Hilfe der besten Näherung beträgt:

$$F_{3-1} = \frac{P_{stütz\,1} - P_{stütz\,3}}{P_{stütz\,1}} \cdot 100\% \quad . \qquad (3.3/15)$$

Die Abhängigkeit des spezifischen Stützzuges von f_r ist in Abbildung 25 angegeben. Der Fehler F_{3-1} ist in Abbildung 27 als Funktion von f_r angegeben.

Die Messung des Stützzuges

Zum Vergleich der errechneten Werte des spezifischen Stützzuges mit Meßwerten wurde eine Apparatur aufgebaut, die in Abbildung 28 gezeigt ist. An einem Meßbalken (1) wurde die Kette an ihrem einen Ende (2) gelenkig befestigt. Durch Auflegen von Gewichten (3) wurde der Stützzug variiert, solange bis das andere Ende der Kette genau vor einer Körnerspitze (4) hing. Die Gewichte wurden über eine Umlenkrolle (5) aufgebracht. Für jeden Meßpunkt wurde der Durchhang f der Kette, der Abstand der beiden Führungspunkte a' und der Stützzug $P_{stütz}$ gemessen.

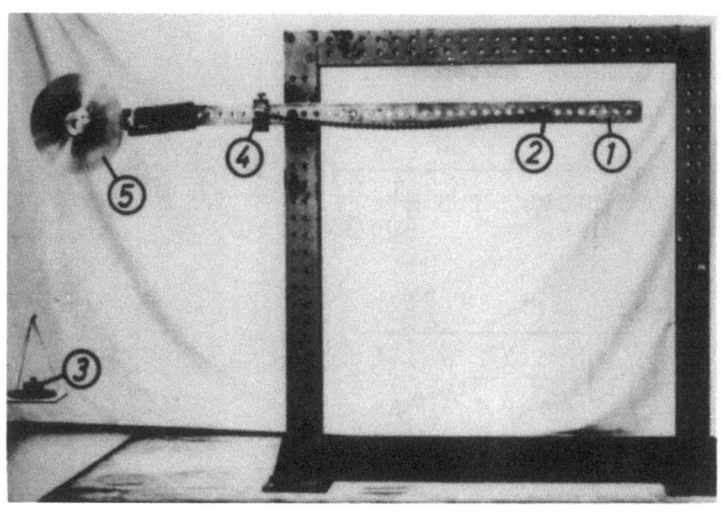

A b b i l d u n g   28

Der Versuchsaufbau zur Messung des spezifischen Stützzuges

Das Metergewicht der verwendeten Kette wurde gesondert bestimmt. Auf diese Weise konnte die Abhängigkeit des spezifischen Stützzuges von dem relativen Durchhang experimentell bestimmt werden.

In Abbildung 29 entspricht der ausgezogene Kurvenzug dem rechnerischen Zusammenhang $P_{\text{stütz,spez,1}} = f(f_r)$. Die Kreise geben Meßwerte der gleichen Abhängigkeit wieder.

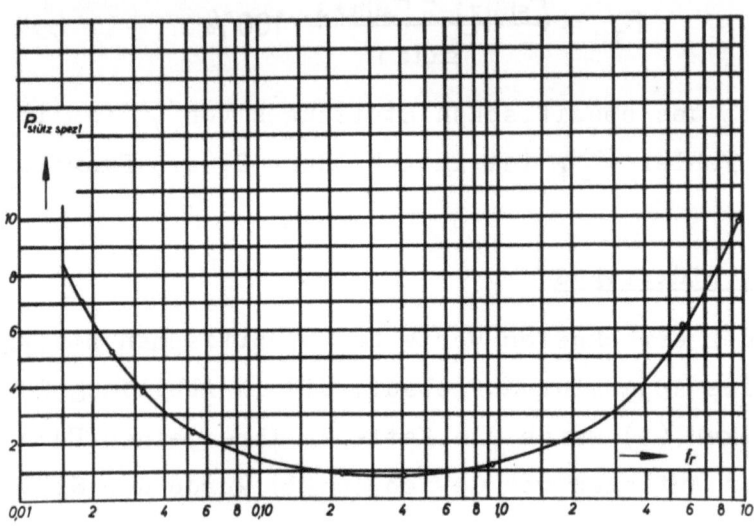

A b b i l d u n g   29

Meßwerte des spez. Stützzuges bei horizontaler Lage des Leertrums

Zusammenfassung der Ergebnisse

Die drei Näherungsformeln lauten:

$$P_{\text{stütz 1}} = q\,a'\frac{\frac{y_0}{a'}}{\cos\left[\operatorname{arctg}\left(\sinh\frac{a'}{2y_0}\right)\right]} \text{ mit } \frac{a'}{y_0} = \frac{1}{f_r}\left(\cosh\frac{a'}{2y_0} - 1\right) \quad (3.3/16)$$

$$P_{\text{stütz 2}} = q\,a'\sqrt{\left(\frac{1}{8f_r}\right)^2 + \left(\frac{1}{2}\right)^2} \quad (3.3/17)$$

$$P_{\text{stütz 3}} = q\,a'\,\frac{1}{8f_r} \quad (3.3/18)$$

Läßt man einen Fehler von 5 % zu, dann kann die Berechnung des Stützzuges in zweiter Näherung bis f_r = 0,17

in dritter Näherung bis f_r = 0,07 erfolgen

Läßt man einen Fehler von 10 % zu, dann kann die Berechnung des Stützzuges

in zweiter Näherung bis f_r = 0,27

in dritter Näherung bis f_r = 0,11 erfolgen

Die vorstehenden Betrachtungen beziehen sich auf einen Kettentrieb mit horizontaler Lage des Leertrums.

Die Bestimmung des Stützzuges bei Kettentrieben mit geneigter Lage des Leertrums.

Da Kettentriebe mit horizontaler Lage des Leertrums nur einen kleinen Raum innerhalb der ausgeführten Kettentriebe einnehmen, soll im folgenden eine für die Praxis brauchbare Methode angegeben werden, den Stützzug bei geneigter Lage des Kettentriebes zu bestimmen.

Die Berechnung des spezifischen Stützzuges bei Kettentrieben mit geneigter Lage des Leertrums führt auf einige Schwierigkeiten, weil insbesondere das Einsetzen eines definierten Durchhanges einen ungleich größeren mathematischen Aufwand erfordert, als bei Kettentrieben mit horizontaler Lage des Leertrums. Aus diesem Grund wurde der spezifische Stützzug in Abhängigkeit von dem Neigungswinkel des Leertrums gemessen. Diese Maßnahme erscheint gerechtfertigt, nachdem die in Abschnitt A angegebene Meßmethode zur Bestimmung des spezifischen Stützzuges eine gute Übereinstimmung mit der Rechnung ergab.

Die Meßapparatur entspricht Abbildung 28. Für die Messung wurde der Meßbalken (1) von 10 zu 10 Grad zur Horizontalen geneigt und jeweils der Stützzug am unteren und oberen Aufhängepunkt gemessen. Dabei wurden die relativen Durchhänge f_r = 2, 3, 5 und 10 % eingestellt. Zu diesem Zweck wurde der relative Durchhang bei Kettentrieben mit geneigter Lage des Leertrums wie folgt definiert:

Unter einem Kettentrieb mit geneigter Lage des Leertrums und einem relativen Durchhang von 5 % soll verstanden werden eine Triebanordnung, bei der das Verhältnis von Leertrumlänge (auf dem durchhängenden Bogen gemessen) zu dem Abstand der beiden Aufhängepunkte des Leertrums a' gleich ist, wie bei einem Kettentrieb mit horizontaler Lage des Leertrums und einem relativen Durchhang von 5 %.

Die Meßergebnisse sind in den Diagrammen Abbildung 30 und 31 zusammengestellt. Die Kreuze geben die Meßwerte an. Die ausgezogenen Kurven zeigen eine Mittelwertbildung der Meßpunkte.

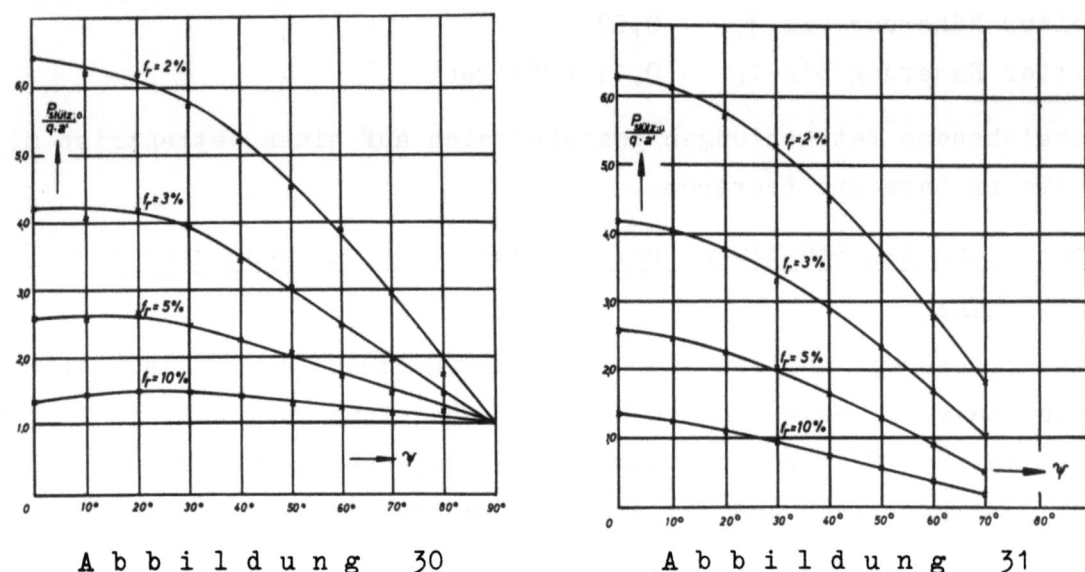

Abbildung 30   Abbildung 31

Der spezifische Stützzug am oberen bzw. unteren Kettenrad
bei geneigter Lage des Leertrums

Der Neigungswinkel des Leertrums ψ wird für eine horizontale Lage mit $\psi = 0°$ und für eine vertikale Lage mit $\psi = 90°$ angegeben. Bei den im Diagramm angegebenen kleinen relativen Durchhängen bis 10 % ist für eine vertikale Lage des Leertrums ($\psi = 90°$) in guter Näherung der Stützzug am oberen Kettenrad gleich dem Gewicht des Leertrums und für den unteren Aufhängepunkt = 0. Damit wird der spezifische Stützzug in diesem Fall für den oberen Aufhängepunkt $P_{stütz,spez,o} = 1$ und für den unteren Aufhängepunkt $P_{stütz,spez,u} = 0$. Da aber der spezifische Stützzug für das untere Rad bei Neigungswinkeln größer als $70°$ schwer meßbar klein wird und außerdem die Meßwerte ohne praktische Bedeutung sein dürften, sind die Kurven für $P_{stütz,spez,u} = f(f_r; \psi)$ nur bis = $70°$ eingetragen.

Mit Hilfe der Diagramme Abbildung 30 und 31 können die Stützzüge $P_{stütz,o}$ für das obere Kettenrad und $P_{stütz,u}$ für das untere Kettenrad bestimmt werden. Es gilt:

$$P_{stütz,o} = P_{stütz,spez,o} \cdot q\,a'$$

$$P_{stütz,u} = P_{stütz,spez,u} \cdot q\,a' \,.$$

Dabei ist a' der Abstand zwischen den beiden Führungspunkten des Leertrums. a' kann für die meisten Fälle in guter Näherung gleich dem Achsabstand a gesetzt werden.

<u>Die Bestimmung des maximalen Flankenwinkels der Verzahnung, bei dem die Kette über die Verzahnung springt. (Vergleich zwischen Rechnung und Messung)</u>

Nachdem ausführliche Betrachtungen über die Restkraft und den Stützzug bei horizontaler und geneigter Lage des nichtbelasteten Trums angestellt wurden, kann der maximale Flankenwinkel, für den die Kette gerade nicht über die Verzahnung springt, angegeben werden. Durch Gleichsetzen von

$$P_{stütz} = P_{stütz,spez} \cdot qa' \quad \text{und} \quad P_{rest} = P \, A^{\frac{\beta z}{360°}}$$

erhält man:

$$\gamma_{max}^{x} = \operatorname{arctg} \frac{\sin \frac{360°}{z}}{\sqrt[\frac{\beta z}{360°}]{\frac{P}{P_{stütz}}} - \cos \frac{360°}{z}} \quad . \quad (3.3/19)$$

Für die experimentelle Bestimmung des Betriebszustandes, bei dem die Kette über die Verzahnung springt, sollten möglichst alle in der obigen Gleichung angegebenen Größen variiert werden können. Aus diesem Grunde war es erforderlich, für die Variation des Umschlingungswinkels eine Hilfseinrichtung für den Prüfstand zu bauen. Diese ist in Abbildung 32 gezeigt. Sie besteht aus einer Schwenkscheibe, die wahlweise auf die An- oder Abtriebswelle geschoben werden kann. Die Schwenkscheibe ist mit Pendelkugellagern auf der Prüfstandswelle angeordnet. Der Drehpunkt der Schwenkscheibe ist die Achse der Prüfstandswelle. Exzentrisch auf der Schwenkscheibe ist ein Kettenrad befestigt, das als Stützrad in den belasteten Kettentrum eingreift. Die Schwenkscheibe wird mit Klemmschrauben arretiert. An einer Skala kann die Winkelstellung des Stützrades relativ zu dem Kettenrad abgelesen werden, auf dessen Welle die Schwenkscheibe befestigt ist.

Das Stützrad vermindert den Umschlingungswinkel von etwa 180° eines Triebes mit i = 1:1, wenn es von unten in den belasteten Kettentrum

Abbildung 32

Die Schwenkscheibe zur Einstellung verschiedener
Umschlingungswinkel an dem Bremsprüfstand

eingreift. Es kann aber auch den Umschlingungswinkel von 180° vergrößern, wenn es von oben auf den belasteten Trum drückt.

Um die Zahl der zu fahrenden Versuche etwas einzuschränken, wurde der Achsabstand a = 254 mm und der Durchhang f = 31 mm (f_r = 0,12) bei allen Versuchen konstant gehalten. Da die Kette sowohl bei kleinem Achsabstand als auch bei größerem Durchhang eher zum Springen neigt, liegt man mit den konstant gehaltenen Werten gegenüber den meisten denkbaren Betriebszuständen auf der sicheren Seite.

Für die Versuche wurden Kettenräder mit geraden Zahnflanken und den Flankenwinkeln 10, 16, 22 und 28° eingesetzt. Die Räder hatten 11, 15, 19, 23, 27 und 30 Zähne. Es wurde die Rollenkette 1 x 12,7 x 6,4 x 7,75 mm verwendet.

Die Messungen wurden für das An- und Abtriebsrad gesondert durchgeführt. Während einer Meßreihe wurde die Zähnezahl konstant gehalten. Für z = 30 Zähne sind Meßprotokolle dem Bericht als Abbildung 33 und 34 beigefügt. Der Umschlingungswinkel wurde von einem kleinsten Wert, bei dem auch das Rad mit dem Flankenwinkel γ = 10° bei kleinster Belastung das Springen der Kette veranlaßte, langsam vergrößert. Dabei wurde die Vergrößerung des Umschlingungswinkels schrittweise erreicht durch den Ausbau jeweils eines Kettengliedes und Nachstellen der Schwenkvorrichtung, bis der Durchhang den Wert von f = 31 mm hatte. Für jeden der angegebenen Umschlingungswinkel wurden die Gelenkflächenpressungen in der Kette von 100, 150, 200, 250 und 300 kp/cm² und die Umfangsgeschwindigkeiten von 2, 4, 6, 8 und 10 m/sec angefahren und festgestellt, welche von diesen Betriebszuständen von der Kette erfüllt werden konnten, ohne daß sie über die Zähne sprang. Die entsprechenden Felder sind schwarz eingezeichnet.

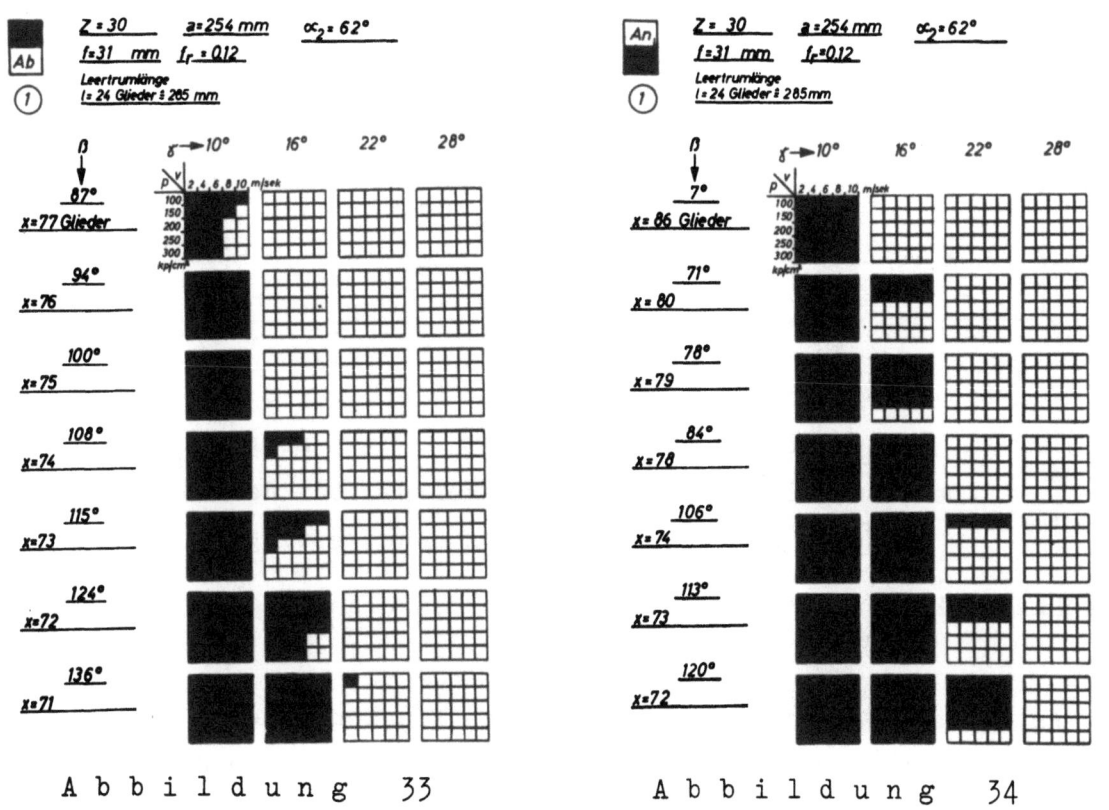

Abbildung 33   Abbildung 34

Protokolle für die Messung des maximalen Flankenwinkels, bei dem die Kette nicht über die Verzahnung springt

Sobald alle Betriebszustände, die sich aus der Kombination der oben angegebenen Umfangsgeschwindigkeiten und Gelenkflächenpressungen ergeben, stabil waren, wurde ein Kettenrad mit dem nächstgrößeren Flankenwinkel eingesetzt und die Umschlingungswinkel weiter vergrößert. Größere Werte der Umfangsgeschwindigkeit und Gelenkflächenpressung konnten nicht angefahren werden, da sonst beim Springen der Kette die Unfallgefahr zu groß war.

In den Diagrammen Abbildung 35 und 36 sind die Umschlingungswinkel über der Zähnezahl aufgetragen, bei denen bei allen angefahrenen Betriebszuständen die Kette nicht über die Verzahnung sprang. Als Parameter ist der Flankenwinkel der Verzahnung angegeben. Die nach der Formel 3.3/19

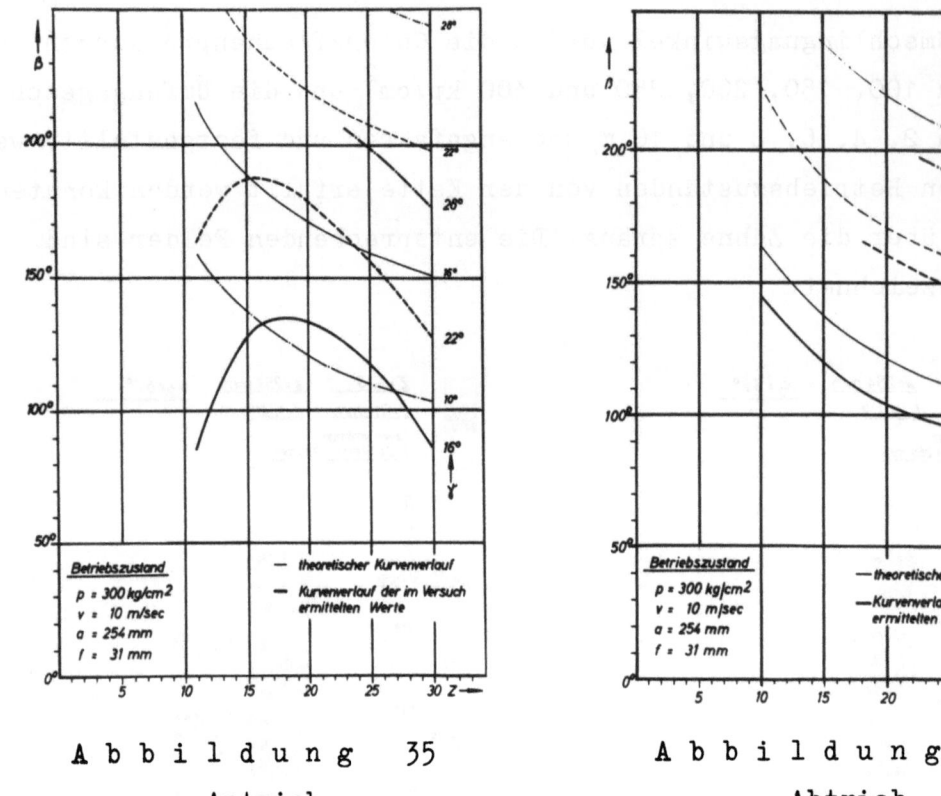

Abbildung 35
Antrieb

Abbildung 36
Abtrieb

Der minimale Umschlingungswinkel β , bei dem die
Kette nicht über die Verzahnung springt

errechneten Kurven sind zum Vergleich in dasselbe Diagramm eingezeichnet.

Beim Antriebsrad konnte die Kurve für den Flankenwinkel 28°, beim Abtriebsrad die Kurven für den Flankenwinkel von 16, 22 und 28° nicht vollständig angegeben werden, weil bei den kleineren Zähnezahlen die großen Umschlingungswinkel von etwa 180° und mehr nicht mit der Schwenkscheibe eingestellt werden konnten. Zu diesem Zweck hätte der Abstand zwischen der Mitte der Prüfstandswelle und der Stützradwelle noch verringert werden müssen, was aber auf konstruktive Schwierigkeiten stieß.

Aus den Diagrammen Abbildung 35 und 36 können folgende Schlüsse gezogen werden:

Es ergibt sich eine reichliche Sicherheit der gemessenen Werte gegenüber den errechneten.

Zwischen dem Verhalten des An- und Abtriebsrades besteht ein deutlicher Unterschied.

Beim Abtrieb liegen die Kurven parallel zu den errechneten.

Beim Antrieb haben die gemessenen Kurven eine andere Tendenz als die errechneten.

Die Sicherheit, die sich aus der Differenz zwischen gemessenen und errechneten Werten ergibt, ist am Antrieb größer als am Abtrieb.

Die Kettenräder mit einem Flankenwinkel $\gamma = 10°$ ergeben am Antrieb einen stabilen Betrieb auch bei Umschlingungswinkeln von $0°$.

Im folgenden sollen die einzelnen Erscheinungen erklärt werden:

Die Sicherheit, die sich zwischen der Rechnung und der Messung zeigte, ist durch die Reibung zwischen Kettenrolle und Kettenradzahn zu erklären. Außerdem wurde für die Berechnung der Flankenwinkel der Verzahnung eingesetzt, während bei einer Lage der Kette an dem Zahnkopf kurz vor dem "Springen" der wirksame Flankenwinkel der Verzahnung einzusetzen wäre, der bei den gegebenen Verhältnissen etwa $2°$ kleiner ist als der Flankenwinkel der Verzahnung.

Die unterschiedliche Größe der Sicherheit beim An- und Abtriebsrad erklärt sich aus der Lage des nicht belasteten Kettentrums. Der in den Diagrammen berücksichtigte Umschlingungswinkel ist für den stehenden Kettentrieb ermittelt worden. Bei laufendem Kettentrieb verringert sich der Umschlingungswinkel am Abtrieb und vergrößert sich am Antrieb. Daraus ergibt sich für das Antriebsrad eine scheinbare größere Sicherheit gegenüber der Rechnung als am Abtrieb (Abb. 37).

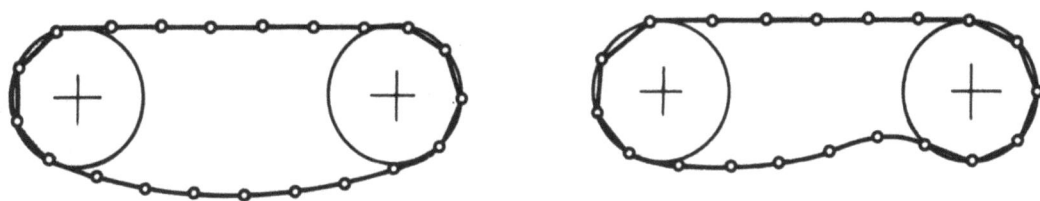

Abbildung 37
Die Veränderung der Umschlingungswinkel an den Kettenrädern
bei laufendem und stehendem Kettentrieb

Der charakteristische Verlauf der gemessenen Kurven entspricht am Antriebsrad den errechneten Kuven nicht, weil die Einschnürung der Kette nach dem Auslauf aus dem treibenden Rad den Umschlingungswinkel vergrößert. Diese Vergrößerung nimmt mit kleiner werdender Zähnezahl zu, wie die Abbildung 38 zeigt.

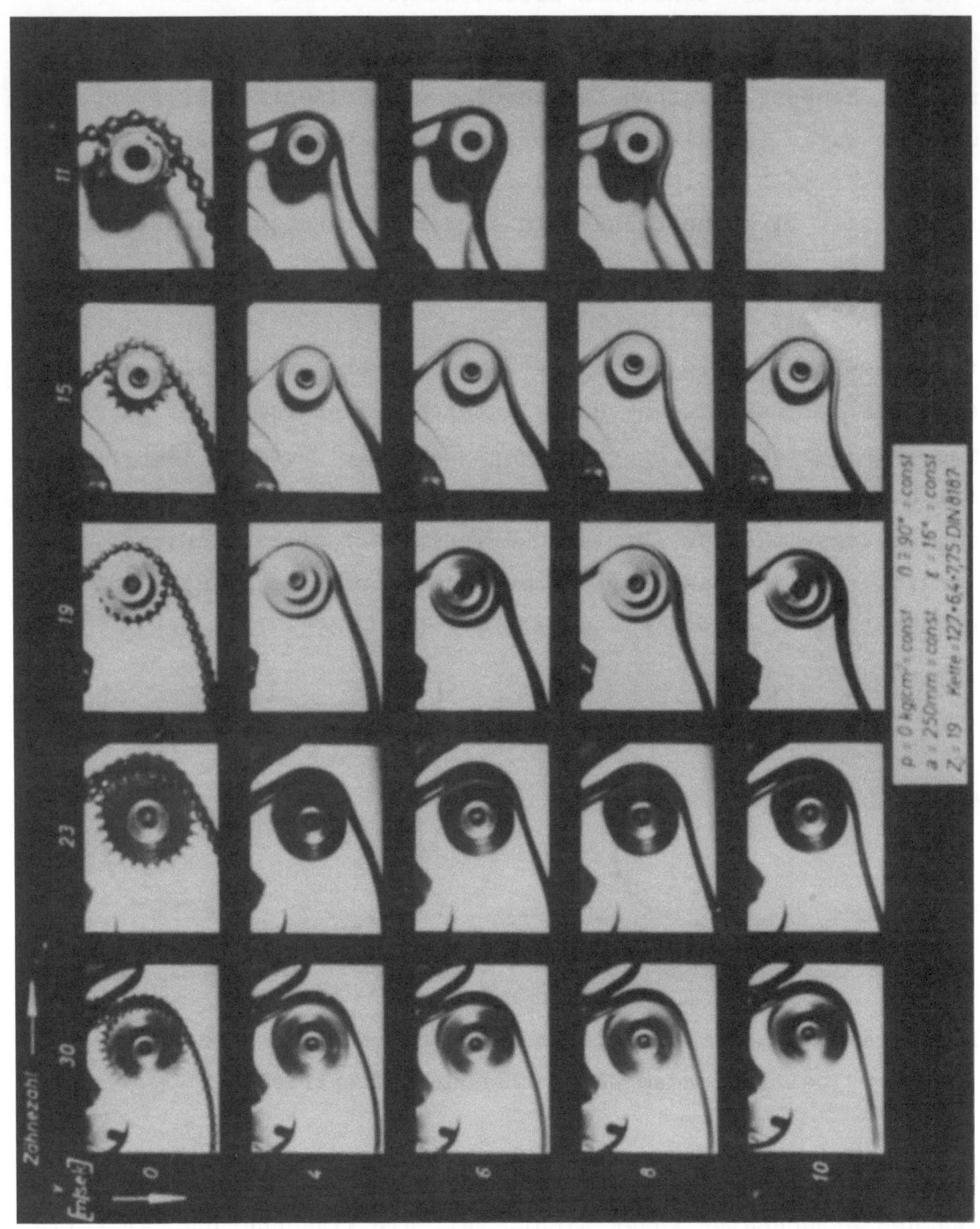

Abbildung 38

Die Einschnürung der Kette beim Lauf aus dem treibenden Kettenrad

Für die Einschnürung der Kette beim Einlauf in den nicht belasteten Kettentrum werden nach dem derzeitigen Stand der Erkenntnisse zwei Faktoren verantwortlich gemacht. Diese sind:

Das Reibungsmoment im Kettengelenk, das sich der Auswinklung zweier benachbarter Kettenglieder beim Auslauf aus dem treibenden Rad entgegenstellt.

Die Trägheit des während des Laufes um das treibende Kettenrad um seinen Schwerpunkt rotierenden Kettengliedes.

Beide Faktoren führen bei mit konstanter Umfangsgeschwindigkeit laufendem Kettentrum zu einer vergrößerten Einschnürung bei kleinerer Zähnezahl des treibenden Kettenrades. Es ergibt sich eine Vergrößerung des Umschlingungswinkels und eine verringerte Neigung zum Springen bei Kettenrädern mit kleinerer Zähnezahl auf der Antriebsseite. Damit wäre die Tendenz der Kurven $\beta_{min} = f(z)$ für die Antriebsseite erklärt.

Aus dem gleichen Grunde ist einzusehen, daß die Kette am Antriebsrad bei kleinerer Umfangsgeschwindigkeit früher zum Springen neigt als bei größeren Umfangsgeschwindigkeiten. Der Effekt zeigt sich besonders bei Kettenrädern mit kleiner Zähnezahl, bei denen sich infolge der "Einschnürung" mit wachsender Umfangsgeschwindigkeit der Umschlingungswinkel vergrößert und damit der Betrieb stabiler wird.

Im erklärlichen Gegensatz dazu stehen die Verhältnisse am Abtriebsrad, wo die Kette bei wachsender Umfangsgeschwindigkeit eher zum "Springen" neigt. Selbst bei den Kettenrädern mit der relativ hohen Zähnezahl von 30 Zähnen, für die die beigelegten Protokolle (Abb. 33 und 34) gelten, ist die beschriebene Tendenz zu finden.

Die Kettenräder mit einem Flankenwinkel von $10°$ ergaben am Antrieb auch bei Umschlingungswinkeln von $0°$ einen stabilen Betriebszustand, weil Selbsthemmung vorlag. Die Abbildung 39 zeigt einen stehenden und einen laufenden Kettentrieb mit Selbsthemmung bei einem Umschlingungswinkel von nahezu $0°$ bei stehendem Trieb. Die Selbsthemmungsbedingungen für das Springen der Kette aus der Verzahnung ist aus der Abbildung 14 zu ersehen.

Die Tatsache, daß für einen Flankenwinkel von $10°$ nur beim Antriebsrad Selbsthemmung vorlag, dürfte ebenfalls durch das Bestreben der Kette zur Bildung einer Einschnürung hinter dem treibenden Rad zu erklären sein. Wenn man für die Reibung zwischen Kettenrad und Kettenrolle einen

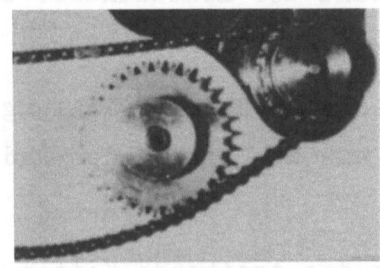 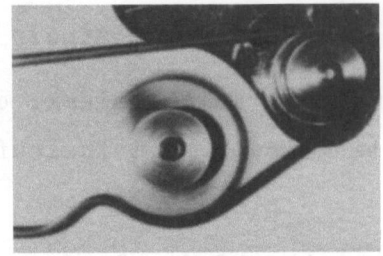

v = 0 m/sec   v = 10 m/sec

Z = 30 Zähne   β = 0°   p = 300 kp/cm²

Abbildung 39

Ein Versuchstrieb mit Selbsthemmung

Reibwert von μ = 0,15 annimmt, ergibt sich ein Flankenwinkel der Selbsthemmung von 8,5°. Beachtet man, daß am Antriebsrad die Tendenz zum Bilden einer Einschnürung die Selbsthemmung unterstützt, dann ist es erklärlich, daß dort auch ein Flankenwinkel von 10° zur Selbsthemmung führte, während am Abtriebsrad der gleiche Flankenwinkel keine Selbsthemmung ergab.

Der Durchhang von f = 31 mm bei dem vorgegebenen Achsabstand a = 254 mm ergab sich durch Ausklinken eines Kettengliedes aus dem Kettenrad (Abb.16) und gleichzeitiges Strammziehen des nicht belasteten Kettentrums durch Verstellen der Schwenkscheibe.

3.4 Grenzen für die Auslegung des Zahnlückenspiels

Das kleinste mögliche Zahnlückenspiel wird bestimmt durch das Auftreten von Kettengliedern mit negativer Toleranz der Einzelteilung.

Um zu erreichen, daß auch die Glieder mit negativer Toleranz, ohne zu klemmen, in das Kettenrad einlaufen und die Verzahnung wieder verlassen, sollte das Zahnlückenspiel etwa den größten auftretenden Teilungsunterschreitungen entsprechen.

Es wurden daher Messungen eingeleitet, aus denen die Häufigkeit von Teilungsunterschreitungen und deren Größe hervorgehen.

Zu diesem Zweck wurde das Einzelteilungsmeßgerät der Firma Carl Mahr eingesetzt, das in Abbildung 40 gezeigt ist. Die Arbeitsweise des Gerätes ist in dem Industrieanzeiger Nr. 57 vom 20. 9. 1955 beschrieben und wird als bekannt vorausgesetzt.

A b b i l d u n g   40
Das Einzelteilungsmeßgerät der Firma Mahr

Bei der Messung wirkt das von der Kette mitgenommene Meßrad wie ein normales Kettenrad. Gemessen wird der Abstand zweier Punkte auf dem Umfang der Kettenrollen benachbarter Kettenglieder, die theoretisch den Abstand einer Kettenteilung haben. Diese Methode entspricht den praktischen Erfordernissen, da die Teilung des einzelnen Kettengliedes von den Kettenradzähnen in der gleichen Weise abgetastet wird. Eine von WOROBJEW [3], Seite 35 angegebene Methode zeigt das gleiche Prinzip der Messung.

Bei der wiederholten Messung der Teilung eines einzelnen Kettengliedes nach der von der Firma Mahr vorgesehenen Methode ergeben sich Schwankungen in den Meßwerten, da die Rollenwandstärke über den Rollenumfang nicht konstant ist.

Abbildung 41 zeigt den Einfluß der veränderten Rollenwandstärke auf die Teilungsmessung.

Bei der Durchführung der Messung wurde die Einzelteilung der Glieder mehrmals bestimmt. Die Meßergebnisse stellen einen Mittelwert dar, der sich aus den verschiedenen relativen Lagen der Rolle auf der Buchse ergibt. Tatsächlich wird sich dieser Wert mit den praktischen Verhältnissen decken, da auch beim Betrieb einer Rollenkette sich immer wieder andere relative Lagen der Rolle auf der Buchse einstellen.

Abweichungen von der Kreisform des Bolzens, Durchmesserschwankungen des Bolzens und Schwankungen in der Wandstärke der Buchse gehen in die

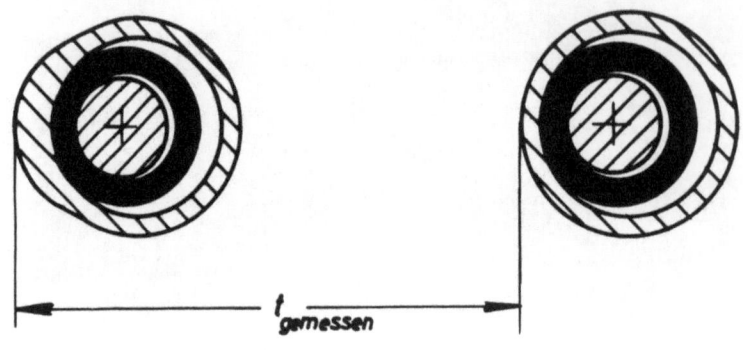

Abbildung 41

Einfluß der Rollenwandstärke auf die Teilungsmessung

Messung ein und ergeben keine Schwankung der Meßergebnisse, da die relative Lage von Bolzen und Buchse bei allen Messungen die gleiche ist. Allerdings können sich beim Betrieb einer Rollenkette auf Kettenrädern mit verschiedenen Zähnezahlen Abweichungen in der effektiven Teilung der Kette von der gemessenen Kettenteilung ergeben, da sich bei verschiedenen Zähnezahlen die Einwinklung zweier benachbarter Glieder und damit die relative Lage des Bolzens zur Buchse ändert.

Der Einfluß der Schmierfilmdicke zwischen Bolzen, Buchse und Rolle fällt aus der Messung heraus, wenn man annimmt, daß die Schmierfilmdicke in allen Gelenken gleich ist. Da diese Annahme bei gefetteten Ketten evtl. nicht genau genug zutreffend ist, wurden alle Ketten vor der Messung entfettet.

Das auftretende Abmaß der Teilung des einzelnen Kettengliedes dürfte zu einem überwiegenden Anteil durch das Abmaß der Teilung in den Kettenlaschen beeinflußt werden. Da beide Laschen eines Kettengliedes im allgemeinen nicht das gleiche Abmaß der Teilung haben werden, ergibt sich eine nicht parallele Lage der Kettenbolzen zweier benachbarter Rollen. Die Messung nach dem Verfahren von Mahr ergibt einen Mittelwert der Teilung, wie Abbildung 42 zeigt.

Für die Auslegung des Zahnlückenspieles kommt es auf die kleinste auftretende Teilungsunterschreitung innerhalb der Rollenbreite an. Die Abweichung der gemessenen Kettenteilung von der kleinsten auftretenden Teilung muß bei der Festlegung des minimalen Zahnlückenspieles berücksichtigt werden.

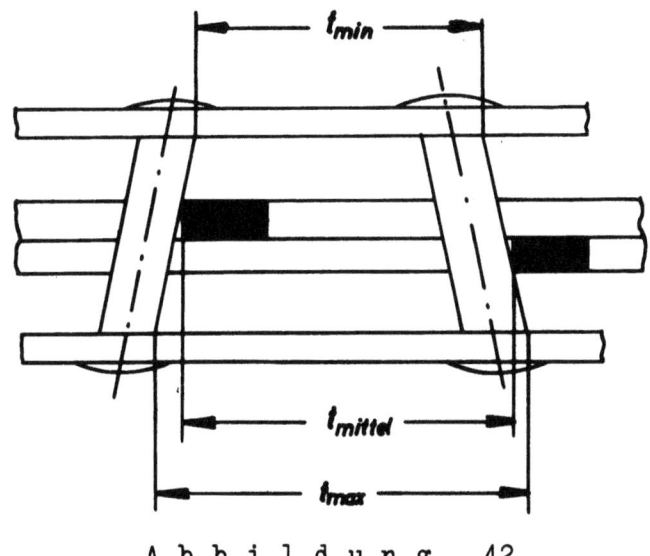

A b b i l d u n g   42
Die Kettenteilung bei verschiedenem Lochabstand
zugehöriger Kettenlaschen

Die Messung der auftretenden Unterschreitungen der Einzelteilung ist geplant für Ketten von 3/8, 1/2 und 5/8" Teilung. Die Ketten wurden von 5 verschiedenen Herstellern bezogen. Die einzelne Kette bestand aus 106 Gliedern. Von jedem Hersteller wurden 5 verschiedene Ketten gemessen, die aus der Serienfertigung stammen und keine sortierten Glieder enthalten.

Die Außen- und Innenglieder sind zunächst getrennt gemessen worden. Bei einem ersten Durchlauf wurden alle Glieder gezählt, die eine Teilungsunterschreitung von 1/100 mm hatten usw. Auf diese Weise konnte durch Differenzbildung die Gliederzahl bestimmt werden, die eine Teilungsunterschreitung von 0 bis 0,01 mm und von 0,01 bis 0,02 mm hatte usw. In den Abbildungen 43 und 44 sind die Meßergebnisse für die 3/8" Kette zusammengestellt. Abbildung 43 zeigt den Unterschied in den Teilungsunterschreitungen bei den 5 verschiedenen Herstellern. Abbildung 44 gibt einen Mittelwert der Häufigkeit auftretender Unterschreitungen aus den verschiedenen Fabrikaten an.

Über die Abhängigkeit der maximalen prozentualen Teilungsunterschreitung bei Ketten größerer Teilung kann noch nichts bindendes gesagt werden, da die hierfür notwendigen Messungen noch nicht abgeschlossen sind. Es

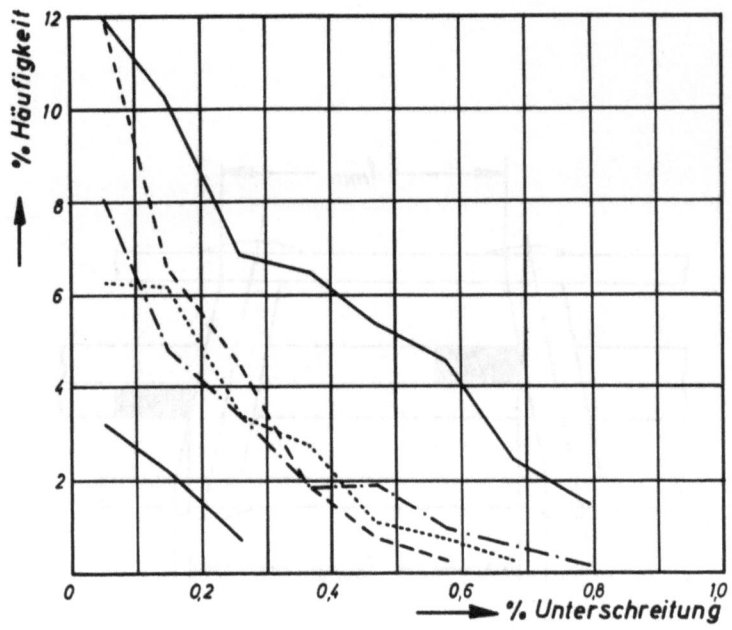

Abbildung 43

Häufigkeitskurve der Teilungsunterschreitung für die 3/8" Kette

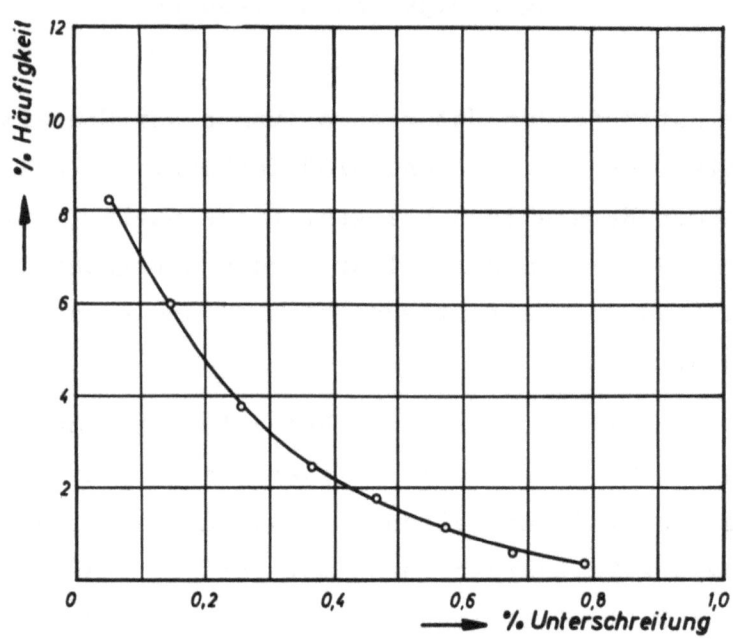

Abbildung 44

Mittlere Häufigkeitskurve der Teilungsunterschreitung
für die 3/8" Kette

dürfte aber anzunehmen sein, daß die maximale prozentuale Teilungsunterschreitung einzelner Glieder bei wachsender Teilung abnimmt.

Aus diesem Grund erscheint es gerechtfertigt, schon jetzt eine maximale Teilungsunterschreitung von 0,4 % als Grenzwert einzusetzen. Bei der

Wahl dieses maximal erforderlichen Zahnlückenspieles bleiben zwar nach Abbildung 44 etwa 5 % der Kettenglieder unberücksichtigt, dafür steht aber das Spiel zwischen Rolleninnen- und Buchsenaußendurchmesser als Sicherheit gegenüber dem Verhaken der Kette in der Verzahnung noch zur Verfügung.

Das maximalmögliche Zahnlückenspiel liegt fest, wenn man eine bestimmte Aufnahmefähigkeit der Verzahnung für verschlissene Ketten und einen bestimmten Flankenwinkel vorgibt. Den Zusammenhang zeigt die folgende Abbildung 45.

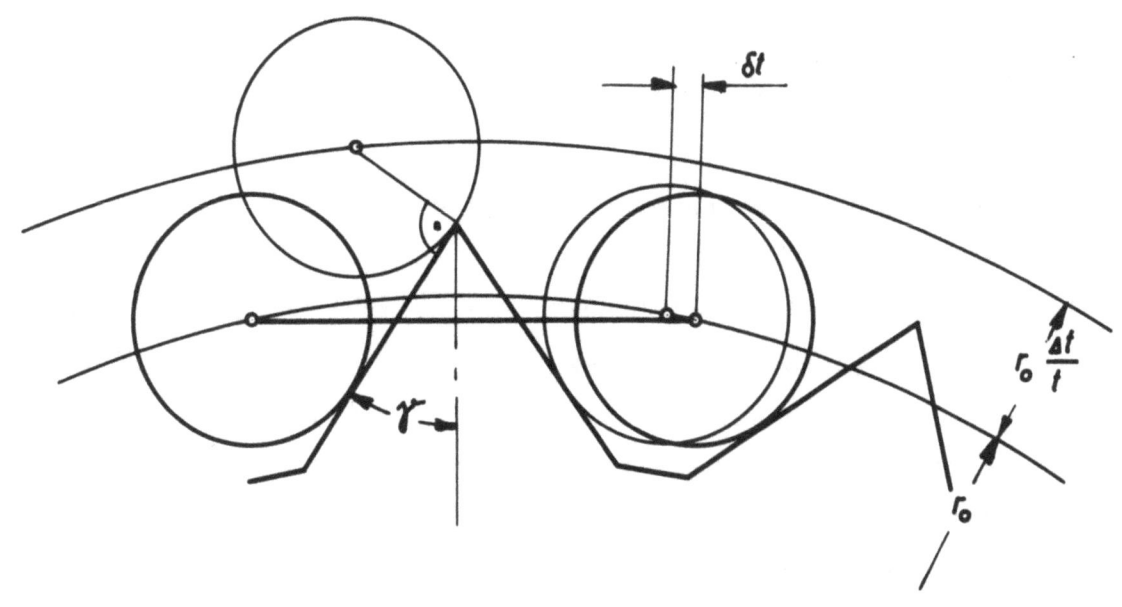

A b b i l d u n g   45
Obere Grenze des Zahnlückenspieles

Damit wird die Frage der oberen Grenze des Zahnlückenspieles auf die Frage nach dem optimalen Flankenwinkel reduziert. Will man einen möglichst kleinen Flankenwinkel erreichen, dann werden mit wachsendem Zahnlückenspiel die Werte von γ_{min} (Abb. 13) unterschritten. Große Flankenwinkel lassen sich aber nur bei kleinen Zahnlückenspielen erreichen. Der Zusammenhang geht aus der Kurvenschaar für γ_{max} (Abb. 10) hervor, worin die Parameter $\delta t/t$ = 0,4 % und 0,8 % eingearbeitet sind.

4. Die Frage der optimalen Verzahnung

4.1 Der optimale Flankenwinkel

Im Absatz 3 des vorliegenden Berichtes wurden Grenzen angegeben, in denen der Flankenwinkel der Verzahnung variiert werden kann, so daß ein

Kettentrieb wirksam arbeiten kann. Aufgabe der folgenden Überlegungen soll sein, festzustellen, welcher von den möglichen Flankenwinkeln ein optimales Arbeiten des Kettentriebes ergibt. Nachdem im Abschnitt 3 bereits die zu fordernde Aufnahmefähigkeit der Verzahnung für verschlissene Ketten, das Vermeiden des Springens der Kette über die Verzahnung und das Anstoßen der Kette am Zahnkopf berücksichtigt wurden, bleibt im folgenden der Einfluß des Flankenwinkels auf die mit der Zahnfrequenz vorliegenden dynamischen Belastungen der Kette festzustellen.

Die mit der Zahnfrequenz periodischen dynamischen Belastungen der Kette können eingeteilt werden in solche, die von der Zahnform unabhängig sind und solche, die von der Zahnform beeinflußt werden.

Unabhängig von der Zahnform sind:

Dynamische Kettenbelastungen, die aus der mit der Zahnfrequenz periodischen Erregung von Drehschwingungen des Kettentriebes resultieren. Dynamische Kettenbelastungen, die aus der mit der Zahnfrequenz periodischen Erregung von transversalen Schwingungen des Kettentrums resultieren.

Beide sind eine Folge der Polygonwirkung des Kettenrades und können exakt berechnet werden. Da sie aber von der Zahnform und damit von dem Flankenwinkel der Verzahnung unabhängig sind, werden sie im folgenden nicht betrachtet.

Abhängig von der Zahnform sind:

Dynamische Kettenbelastungen, die aus dem Stoß zwischen Kettenrolle und Radzahn folgen. Sie werden zunächst betrachtet unter der Annahme, daß eine Längskraftänderung über den Kettenrädern nicht erfolgt. Später wird der Einfluß der tatsächlich vorliegenden Längskraftänderung über den Kettenrädern berücksichtigt.

Für die Berechnung des Stoßes zwischen Kettenrolle und Radzahn sind von WOROBJEW und BINDER im Grundgedanken übereinstimmende Ansätze gemacht worden. Beide wenden den Impulssatz an und definieren eine den schädlichen Einfluß des Kettenstoßes auf die Belastung der Kettenrolle kennzeichnende Größe. Diese wird bestimmt als Differenz zwischen der Geschwindigkeit des Punktes der Kettenrolle, der zum Kontaktpunkt zwischen Kettenrolle und Radzahn wird, kurz vor und nach dem Stoß. Als schädliche Komponente dieser Differenzgeschwindigkeit wird der Anteil bezeichnet, der auf die Normale zur Zahnflanke im Berührungspunkt entfällt (Abb. 46).

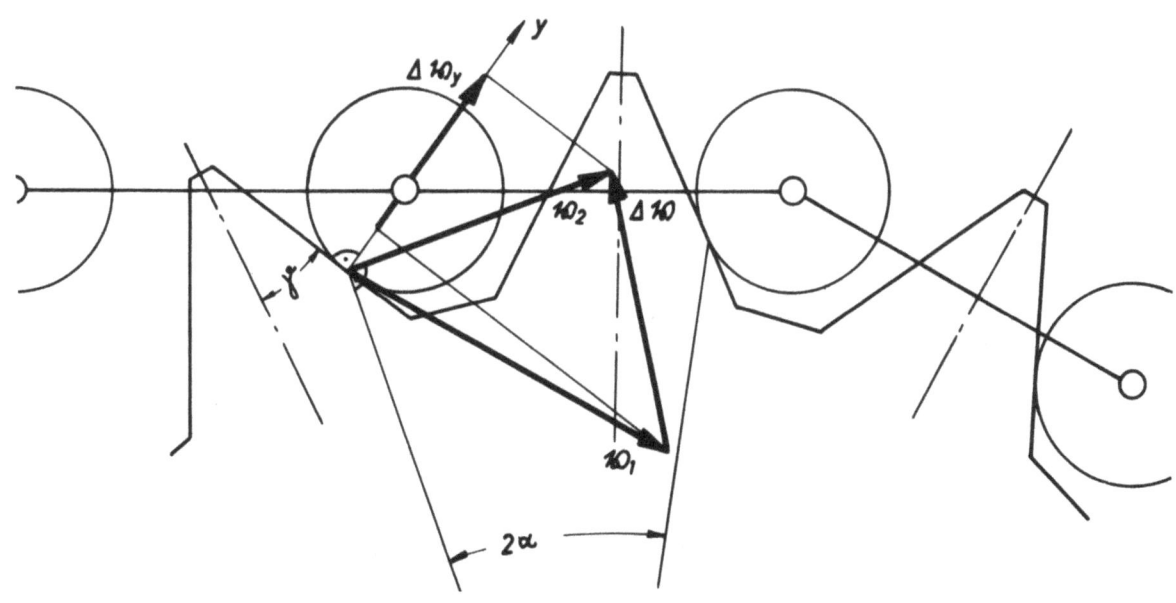

Abbildung 46
Die Berechnung des Stoßes zwischen Kettenrolle und
Radzahn nach WOROBJEW und BINDER

Nach WOROBJEW, Seite 136, beträgt die schädliche Komponente der Differenzgeschwindigkeit

$$\Delta v_y = \omega t \sin(2\alpha + \gamma) \quad .$$

Sie wächst also mit wachsendem Flankenwinkel und daher dürften größere Flankenwinkel in diesem Zusammenhang nachteilig sein. Berücksichtigt man aber die Längskraftänderung in der Kette beim Lauf über die Kettenräder, dann beträgt die Normalkraft zwischen Kettenrolle und Zahn (s. Abb. 47)

$$P_z = P \frac{\sin 2\alpha}{\sin(2\alpha + \gamma)} \quad .$$

Sie wächst also mit abnehmendem Flankenwinkel und ergibt eine Änderung der Längskraft in der Kette. Sie entlastet das einlaufende Kettenglied, belastet die Kettenrolle und den Radzahn und dürfte daher eine wesentliche Ursache für Rollenbrüche und den Ketten- und Kettenrad-Verschleiß sein.

Die beiden geschilderten, von dem Flankenwinkel der Verzahnung abhängigen, dynamischen Kettenbelastungen haben demnach eine gegensinnige

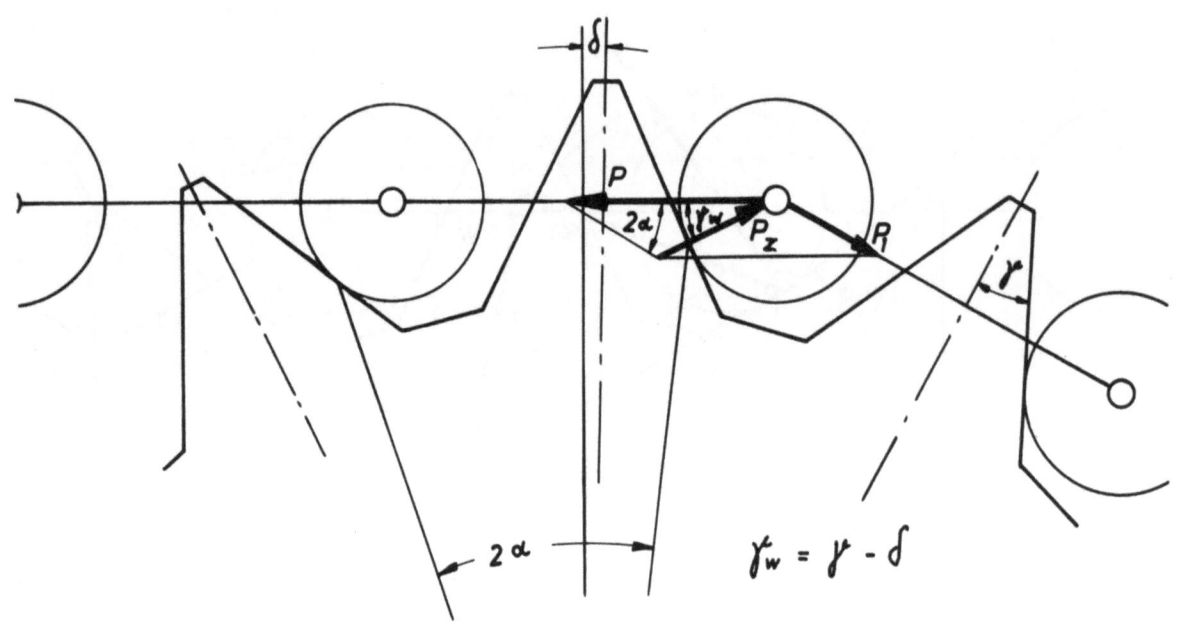

A b b i l d u n g   47
Die Normalkraft zwischen Kettenrolle und Radzahn

Abhängigkeit von dem Flankenwinkel. Bei wachsendem Flankenwinkel nimmt die von WOROBJEW und BINDER definierte schädliche Komponente der Stoßkraft zu, während die Normalkraft zwischen Kettenrolle und Radzahn abnimmt.

Der nachteilige Einfluß der "Stoßkraft" dürfte den Einfluß der "Normalkraft" bei großen Umfangsgeschwindigkeiten und kleinen Gelenkflächenpressungen überwiegen, während bei kleinen Umfangsgeschwindigkeiten und großen Gelenkflächenpressungen die Normalkraft den maßgebenden Einfluß hat.

Aus diesem Grund sind vermutlich für Kettentriebe mit großen Umfangsgeschwindigkeiten und kleinen Gelenkflächenpressungen kleine Flankenwinkel zu empfehlen, während große Flankenwinkel bei Kettentrieben mit relativ kleiner Umfangsgeschwindigkeit und großer Gelenkflächenpressung vorteilhaft sind.

Um die Frage zu klären, ob die genormte Verzahnung mit dem größtmöglichen oder kleinstmöglichen Flankenwinkel auszurüsten ist, wurden bei mittleren Betriebsdaten die mit der Zahnfrequenz periodischen dynamischen Kettenbelastungen gemessen. Dabei standen Räder mit 11, 19 und 30 Zähnen zur Verfügung. Die Räder hatten gerade Zahnflanken mit den Flankenwinkeln 10, 16, 22 und 28°. Bei allen Versuchen wurde eine Gelenkflächenpressung von 140 kp/cm² und eine Umfangsgeschwindigkeit von 5 m/sek eingestellt. Die Meßergebnisse sind in der folgenden Tabelle zusammengestellt.

<u>T a b e l l e   1</u>

Mit der Zahnfrequenz periodische Kettenbelastung
bei verschiedenen Flankenwinkeln der Verzahnung

z_1	z_2	$\gamma = 28°$	$22°$	$16°$	$10°$
Zähne			$\pm P_{dyn}$ kg		
11	30	4,80	4,85	4,85	4,90
11	70	8,75	9,5	10,0	10,3
19	19	3,51	3,57	3,64	3,66
19	30	3,45	3,45	3,47	3,50
30	19	3,74	3,85	3,92	4,10
30	30	1,60	1,60	1,60	1,60

Die gemessenen mit der Zahnfrequenz periodischen Kettenbelastungen enthalten die Anteile, die von dem Flankenwinkel der Verzahnung abhängig sind und diejenigen, die von der Zahnform nicht abhängen.

Der Einfluß der Änderung des Flankenwinkels der Verzahnung auf die gemessenen dynamischen Kettenbelastungen ist sehr gering, da die von der Zahnform unabhängigen Lasten überwiegen. Man kann eine schwache Tendenz zu geringeren Kettenbelastungen bei größeren Flankenwinkeln erkennen.

Wegen der besonderen Bedeutung des Gelenkflächenverschleißes auf die Auslegung des Kettentriebes wurde auch der Einfluß des Flankenwinkels auf den Kettenverschleiß bestimmt.

Die Versuche wurden auf einem Bremsprüfstand durchgeführt. Folgende Betriebsdaten wurden bei allen Versuchen konstant gehalten.

$v = 6$ m/sek $p = 223$ kg/cm² $z_1 = z_2 = 19$ Zähne
Einfachkette $12,7 \times 6,4 \times 7,75$ DIN 8187
Tropfölung: 10 Tropfen/min ESSTIC 40

In Abbildung 48 ist das Beispiel einer Verschleißcharakteristik gezeigt. Der Gelenkflächenverschleiß äußert sich bekannterweise in einer Vergrößerung

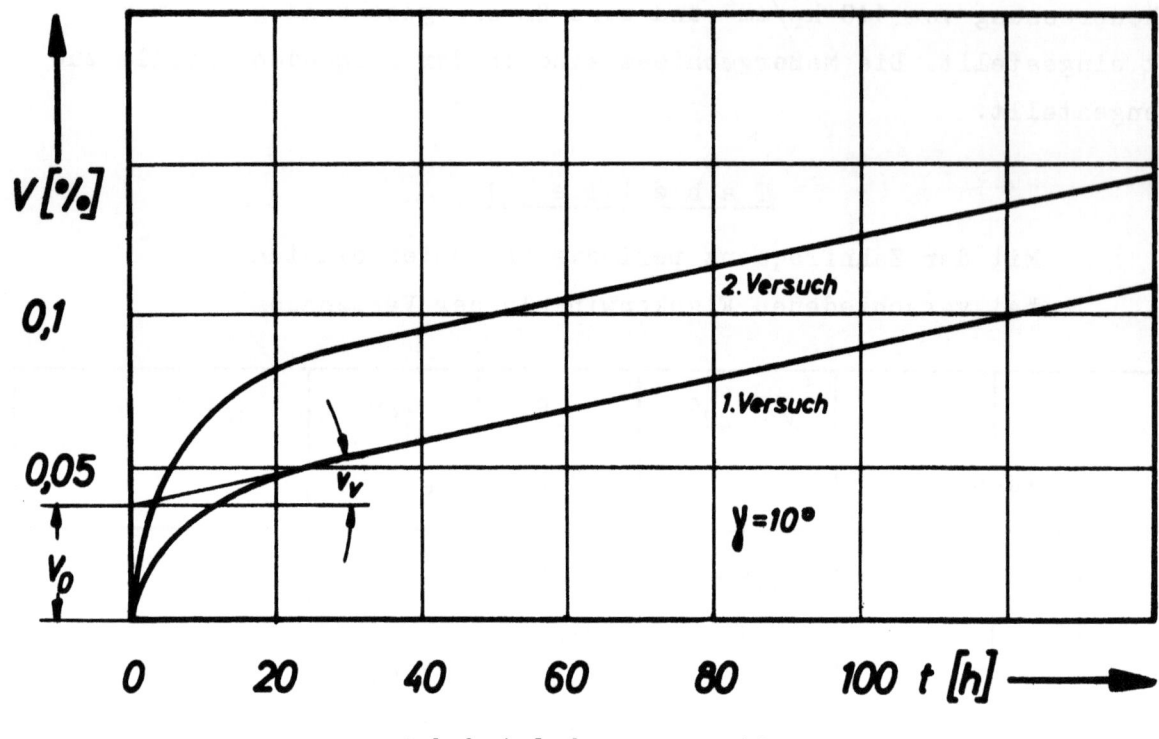

Abbildung 48
Der Kettenverschleiß in Abhängigkeit von der Zeit

der Teilung der Außenglieder. Als Maß für den Verschleiß dient die prozentuale Längenzunahme der Kette.

Nach einem anfänglichen nichtproportionalen Anstieg der Verschleißcharakteristik wird eine lineare Zunahme des Verschleißes mit der Zeit gemessen. Eine erkennbare Abhängigkeit des Anfangsverschleißes von dem Flankenwinkel der Verzahnung wurde nicht festgestellt. In der Tabelle 2 sind die gemessenen Werte der Verschleißgeschwindigkeit zusammengestellt und man erkennt für den gewählten Kettentrieb eine sichtbare Abhängigkeit des Verschleißes von dem Flankenwinkel der Verzahnung.

Tabelle 2

Die Abhängigkeit der Verschleißgeschwindigkeit vom Flankenwinkel
der Verzahnung (Mittelwerte aus zwei Versuchsreihen)

γ	$10°$	$16°$	$22°$	$28°$
v_v	0,575	0,481	0,404	0,316 %/1000 h

Dabei ist die Verschleißgeschwindigkeit als prozentuale Längenzunahme der Kette in 1000 h angegeben.

Die in der Tabelle 2 angegebenen Zahlenwerte gelten nur für den bei den Versuchen verwendeten Kettentrieb. Da aber die überwiegende Zahl der Kettentriebe bei relativ kleinen Umfangsgeschwindigkeiten arbeitet, erscheint es nach dem derzeitigen Stand der Untersuchung gerechtfertigt, für eine Normverzahnung unter den möglichen Flankenwinkeln den größten vorzuschlagen.

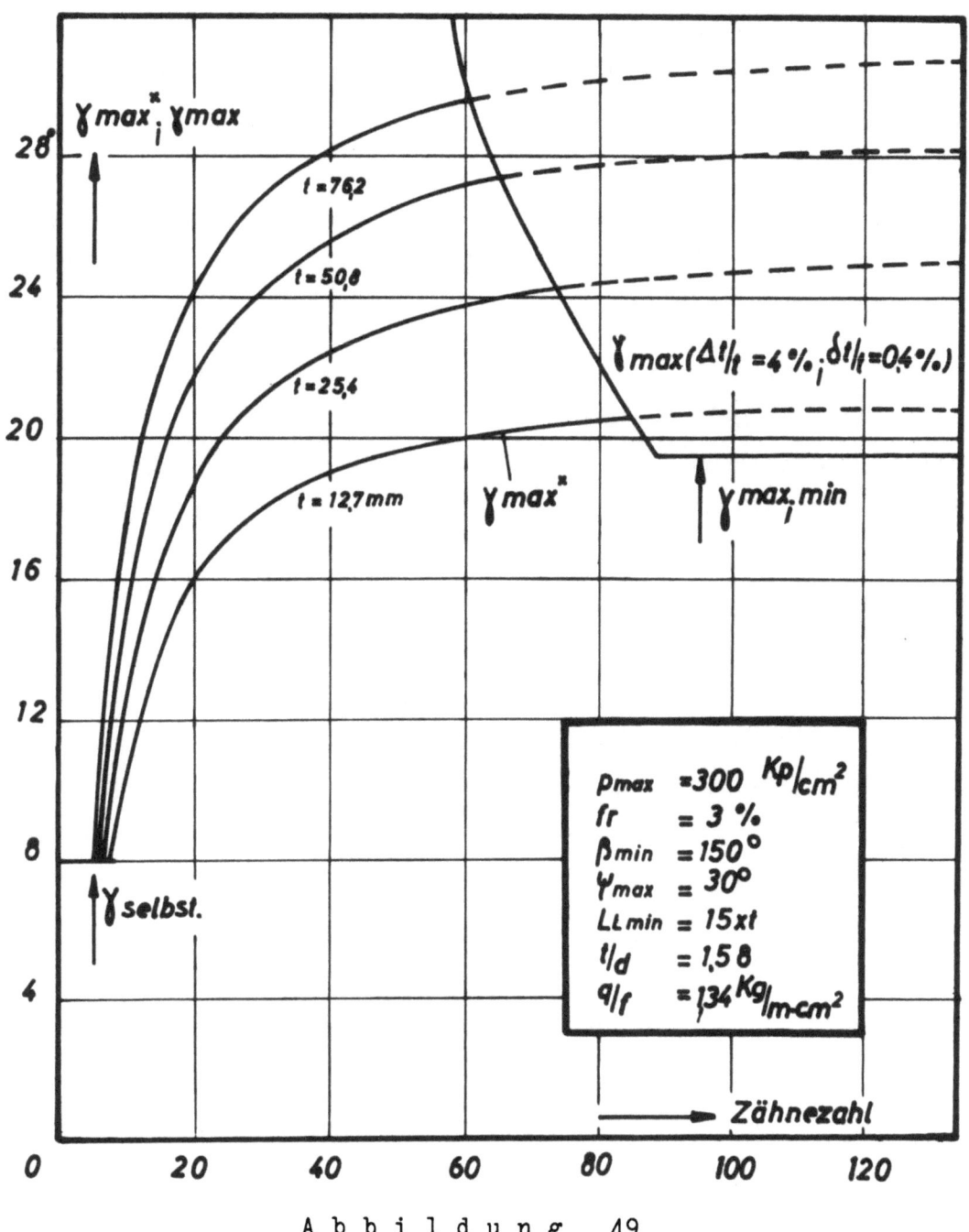

Abbildung 49

Der optimale Flankenwinkel der Verzahnung für eine Normung

Demnach ist der optimale Flankenwinkel durch γ_{max} und γ_{max}^* bestimmt. Die Kurvenschaaren für γ_{max} und γ_{max}^* sind in Abbildung 49 in Abhängigkeit von der Zähnezahl aufgetragen. Es können vier Zähnezahlbereiche unterschieden werden:

Bei kleinen Zähnezahlen bis etwa 8 Zähne wird der Flankenwinkel durch die Selbsthemmungsbedingung bestimmt.

Im Bereich mittlerer Zähnezahlen von etwa 8 Zähnen bis 60 oder 90 Zähnen, je nach Kettenteilung, wird der Flankenwinkel durch die Bedingung festgelegt, daß die Kette nicht über die Verzahnung springen darf.

Für die Zähnezahlen von 60 bis 90 Zähnen wird der Flankenwinkel durch die Forderung bestimmt, daß auch verschlissene Ketten noch von der Verzahnung aufgenommen werden sollen.

Bei etwa 90 Zähnen wird der Grenzfall erreicht, bei dem um 3 % verschlissene Ketten ($\Delta t/t$ = 4 %) nicht mehr einwandfrei in der Verzahnung arbeiten können. Hier ist der Grenzwinkel $\gamma_{max,min}$ einzusetzen.

Die gezeigte Abhängigkeit des optimalen Flankenwinkels der Verzahnung von der Zähnezahl gilt für Rollenkettentriebe mit t/d_1 = 1,58 und einem Verhältnis von Metergewicht zu Gelenkfläche q/f = 1,34 kg/m cm^2, wenn die in Abbildung 49 angegebenen extremen Betriebswerte eingehalten werden. In Sonderfällen, in denen einzelne extreme Werte über- bzw. unterschritten werden, muß der Grenzwert γ_{max} gesondert nach Gleichung (3.3/19) kontrolliert werden.

5. Analyse der genormten Verzahnung

Als Gegenüberstellung zu der in Abbildung 49 für die Normung vorgeschlagenen Abhängigkeit des Flankenwinkels der Verzahnung von der Zähnezahl sind die in Amerika, England und Deutschland genormten Verzahnungen analysiert und verglichen worden.

Im Rahmen dieses Berichtes seien nur die Ergebnisse mitgeteilt, die sich auf DIN 8196 und 8197 beziehen. Dabei sei zunächst der Flankenwinkel der Verzahnung und dann das Zahnlückenspiel betrachtet.

Der wirksame Flankenwinkel der Verzahnung wurde für die Rollenkette mit 12,7 mm Teilung und 8,51 mm Rollendurchmesser in Abhängigkeit von der Zähnezahl und der Teilungszunahme der Kette durch Verschleiß bestimmt.

Die Zahnform wurde graphisch konstruiert für das Wälzfräser-Bezugsprofil II und eine Oberflächengüte A. Die der Oberflächengüte A zugeordnete Toleranz des Fußkreisdurchmessers wurde als Mittelwert berücksichtigt.

Die Konstruktion zur graphischen Bestimmung des wirksamen Flankenwinkels der Verzahnung ist in Abbildung 50 gezeigt.

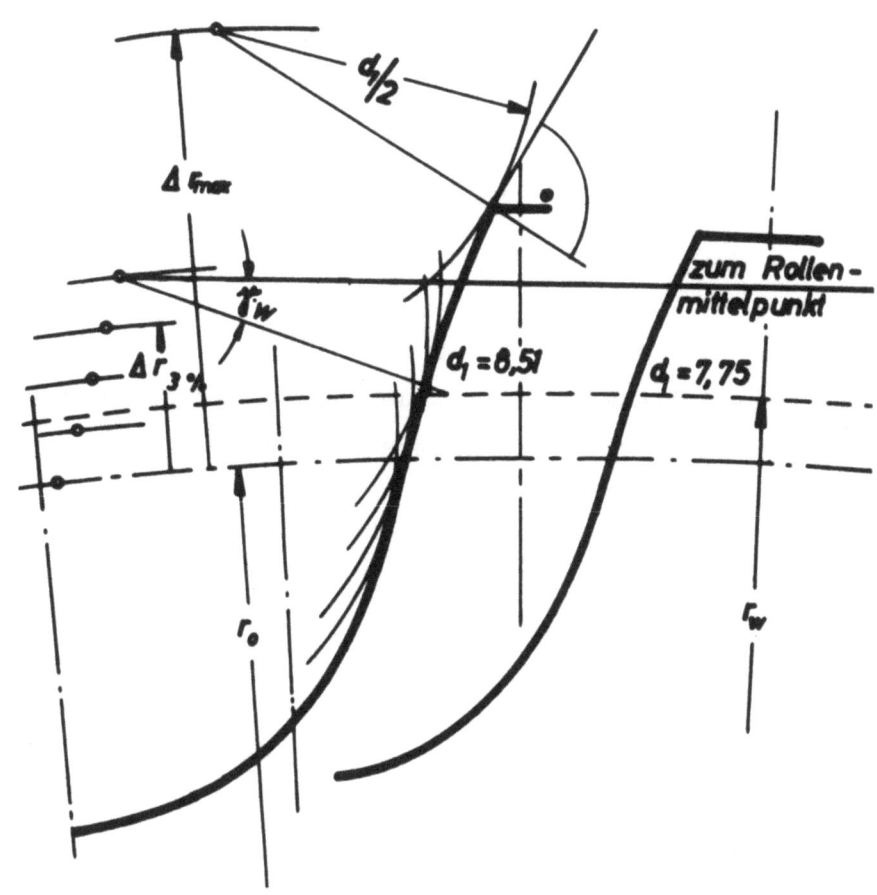

Abbildung 50
Graphische Bestimmung von $\gamma_w = f(z; \Delta t/t)$; $\Delta t/t_{max} = f(z)$

Ebenso wurde in Abbildung 50 die maximale Aufnahmefähigkeit der Verzahnung für Ketten mit durch Verschleiß vergrößerter Teilung bestimmt.

Die Ergebnisse sind in den Abbildungen 51 und 52 zusammengefaßt. Im Bereich kleiner Zähnezahlen bis etwa 60 oder 80 Zähnen ist, wie zu erwarten, die Aufnahmefähigkeit der Verzahnung für verschlissene Ketten immer ausreichend.

Der Flankenwinkel ist für $\Delta t/t = 0$ außerordentlich groß. Allerdings ist hierzu einschränkend zu sagen, daß die Bestimmung des Flankenwinkels bei der Berührung zwischen Kettenrolle und Radzahn im Zahngrund schwer zu messen war. Außerdem ergab eine geringe Änderung der als Mittelwert eingesetzten Toleranz des Fußkreisdurchmessers ebenso wie eine

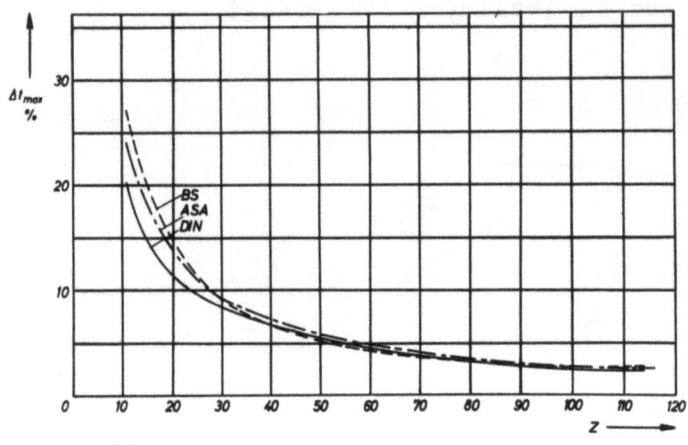

Abbildung 51

Die maximale Aufnahmefähigkeit der genormten Verzahnung
für verschlissene Ketten

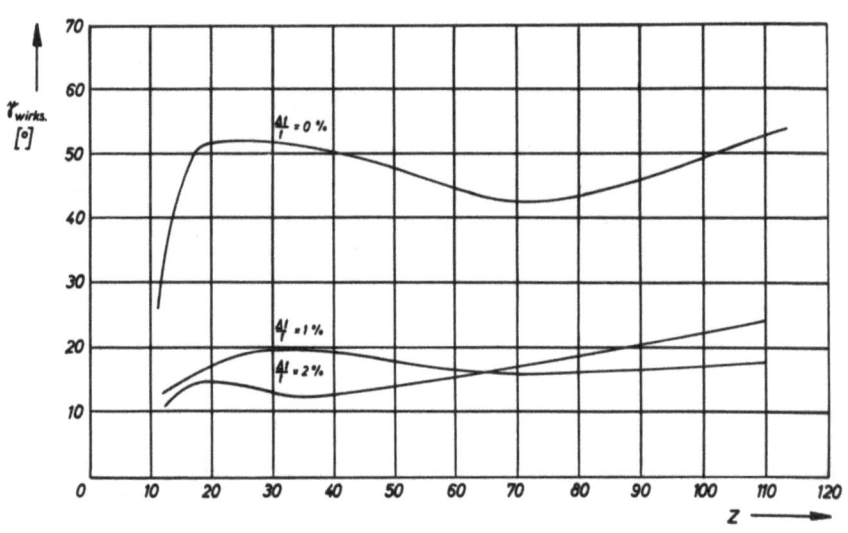

Abbildung 52

Der wirksame Flankenwinkel der Verzahnung für die
Kette 12,7 x 7,75 x 8,51 DIN 8187. $v < 12^m/\text{sek}$
Oberflächengüte A

geringe positive Toleranz der Kettenteilung eine wesentliche Verschiebung des Kontaktpunkts zwischen Kettenrolle und Radzahn zu größeren Durchmessern und damit zu kleineren Flankenwinkeln.

Der für eine Kette mit 1 % vergrößerter Teilung eingetragene Verlauf $\gamma_w = f(z)$ dürfte den in den meisten Betriebsfällen vorkommenden Flankenwinkeln entsprechen. Im Wesentlichen ist dieser Verlauf auch unabhängig von der Kettenteilung. Kleine Änderungen ergeben sich aus der

Tatsache, daß nicht alle Ketten das gleiche Verhältnis von Teilung und Rollendurchmesser haben und die Toleranz des Fußkreisdurchmessers nach den ISA-Angaben mit der dritten Wurzel des Durchmessers (bzw. der Teilung) wächst, während die positive Kettenlängentoleranz proportional der Teilung ist. Ketten größerer Teilung werden also bei Einhaltung der vorgeschriebenen Toleranz etwas tiefer in der Verzahnung liegen.

Vergleicht man also die Abbildungen 49 und 52, dann ergibt sich eine recht gute Übereinstimmung zwischen der vorgeschlagenen Verzahnung und der bereits genormten für die Ketten mit 12,7 mm Teilung. Für die Ketten mit größerer Teilung ergibt sich ein größerer Unterschied zwischen der vorgeschlagenen und der genormten Verzahnung. Hier könnten die Flankenwinkel in dem Bereich der Zähnezahlen von 8 bis 60 Zähnen erhöht werden. Allerdings erscheint eine solche Maßnahme erst dann gerechtfertigt, wenn auch an Ketten größerer Teilung (etwa 1" bis 3") Verschleißmessungen in Abhängigkeit von dem Flankenwinkel durchgeführt worden sind. Derartige Messungen sind bei der derzeitigen Einrichtung des Instituts mit Prüfständen nicht möglich.

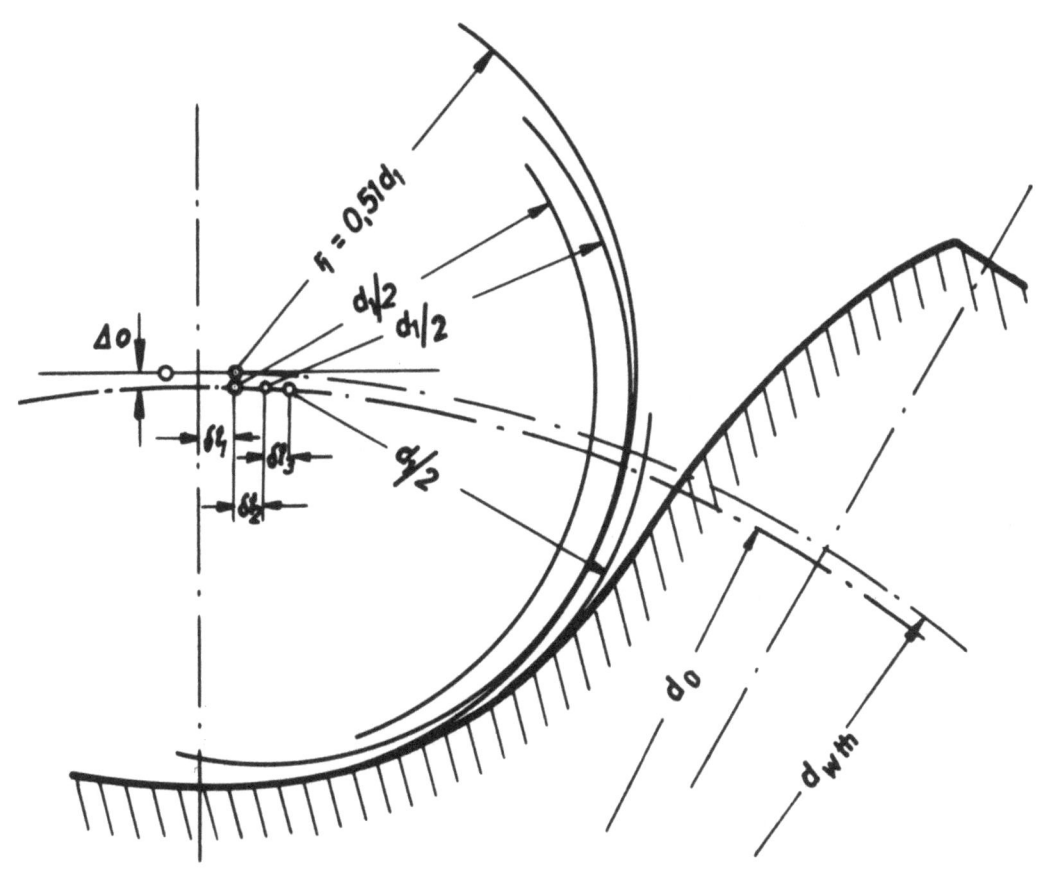

A b b i l d u n g   53
Die drei Anteile des Zahnlückenspiels

Das Zahnlückenspiel setzt sich aus drei Anteilen zusammen (s. Abb. 53),
1. dem Mittenversatz der Zahnfußradien,
2. der Differenz zwischen Zahnfußradius und dem Rollenradius,
3. dem Abstand zwischen dem Arbeitsteil der Zahnflanke und der Verlängerung des Fußkreisradius.

Der Mittenversatz der Zahnfußradien kann in jedem Fall in voller Größe als Anteil des Zahnlückenspieles gelten. Die Differenz zwischen dem Zahnfußradius und dem Rollenradius geht aber nur bei bestimmten Zähnezahlen in voller Größe ein. Dazu sei folgende Erklärung gegeben.

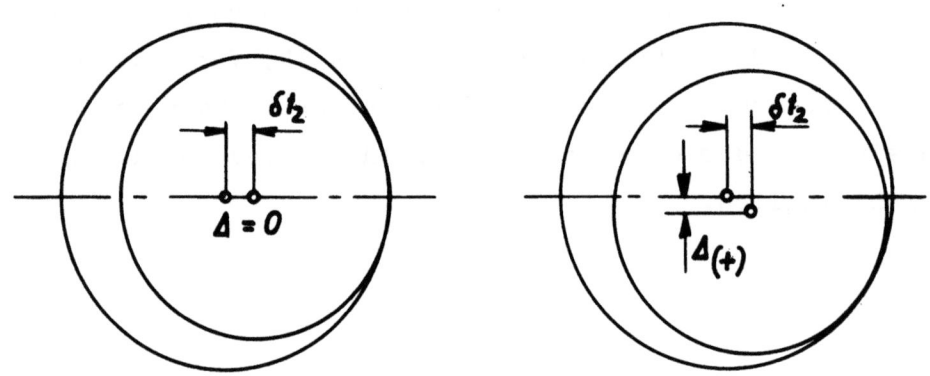

A b b i l d u n g   54
Das Zahnlückenspiel, verursacht durch die Radiendifferenz zwischen Zahnfuß und Rolle

Nach Abbildung 54 ergibt sich eine Verschiebung der Rollenmitten auf dem Teilkreis aus der Zahnlückenmitte heraus nur dann in voller Größe, wenn die Mittelpunkte des Zahnfußkreises und der Rolle auf einem gemeinsamen Durchmesser des Kettenrades liegen. Für eine Kette mit exakt ausgeführter Teilung und einem exakt eingehaltenen Fußkreisdurchmesser beträgt der Abstand zwischen dem theoretischen Wälzkreisdurchmesser d_{wth} und dem Teilkreisdurchmesser Δ_o (s. Abb. 53). Berücksichtigt man aber die mittlere Toleranz des Fußkreisdurchmessers nach DIN 8196 für die Qualität A und außerdem den Mittelwert der zulässigen Toleranz der Kettenlänge nach DIN 8187, dann beträgt der Abstand zwischen der Rollenmitte und der Mitte des Zahnfußradius nur noch Δ nach Abbildung 54. Für die Ketten mit 1/2" und 2" Teilung sind für die Zähnezahlen 20; 40; und 60 Zähne die Δ Werte im folgenden zusammengestellt. Außerdem sind die von der Zähnezahl unabhängigen Δ_o Werte für die beiden Kettentypen angegeben.

t = 12,7 mm		Δ_o = 0,08 mm	t = 50,8 mm		Δ_o = 0,322 mm
z = 20	40	60	20	40	60 Zähne
Δ = +0,02	-0,02	-0,057	+0,165	+0,040	-0,079 mm

Es gibt demnach für alle Ketten bei einer bestimmten Zähnezahl den Fall, daß als Folge der Toleranzen des Fußkreisdurchmessers und der Kettenlänge der theoretische Wälzkreisdurchmesser und der Teilkreisdurchmesser zusammenfallen (Δ = 0). Für diesen Fall kann die Radiendifferenz zwischen Rolle und Fußkreis in voller Größe als Zahnlückenspiel berücksichtigt werden.

Der dritte Anteil, der Abstand zwischen dem jeweils arbeitenden Teil der Zahnflanke und der Verlängerung des Fußkreisradius, hängt in seiner Größe von der Zähnezahl, der Wahl des Bezugsprofils und dem Verschleiß der Kette ab. Für die Zähnezahl z entspricht die Zahnform dem Bezugsprofil. Für kleine Zähnezahlen weicht die Zahnform vom Bezugsprofil besonders stark ab. Hier kann in dem Bereich des Zahnfußradius durch den Wälzvorgang eine Abweichung von dem Fußradius des Fräsers für den Zahn entstehen, so daß auch nicht verschlissene Ketten ein größeres Zahnlückenspiel vorfinden, als nach den Anteilen 1 und 2 definiert wurde. Verschlissene Ketten, die insbesondere bei wachsenden Zähnezahlen bis in den Kopfteil der Zahnflanke aufsteigen, haben dort ein größeres Zahnlückenspiel zur Verfügung.

Um eine quantitative Angabe des genormten Zahnlückenspieles zu erreichen, werden die ersten beiden Anteile in voller Größe eingesetzt, während der dritte Anteil unberücksichtigt bleibt. Der folgende angegebene Wert gilt demnach in erster Linie für nicht verschlissene Ketten. Es beträgt:

Das Zahnlückenspiel durch Mittenversatz $\quad S_1 = 2\,\%$
Das Zahnlückenspiel durch Radiendifferenz $\quad S_2 = 1,26\,\%$
Das gesamte Zahnlückenspiel nach DIN 8196 $\quad \underline{S = 3,26\,\%}$

Dieser Wert ist entschieden höher als das im Abschnitt 3.4 geforderte minimale Zahnlückenspiel von 0,4 %. Tatsächlich sind auch in der britischen Norm und der amerikanischen Norm (Typ II) wesentlich kleinere

Zahnlückenspiele als nach DIN 8196 vorgesehen. Allerdings ist das genormte Zahnlückenspiel nach DIN absolut genommen noch so gering, daß der mögliche Gewinn eines größeren Flankenwinkels unbedeutend sein dürfte.

6. Die Ausrundungsradien

Die Überlegungen der ersten Abschnitte bezogen sich im wesentlichen auf Kettenradzähne mit geraden Zahnflanken. Die Ausrundungsradien sind derart zu gestalten, daß der mittlere Flankenwinkel der gekrümmten Flanke in dem Arbeitsbereich der Verzahnung dem optimalen Flankenwinkel entspricht.

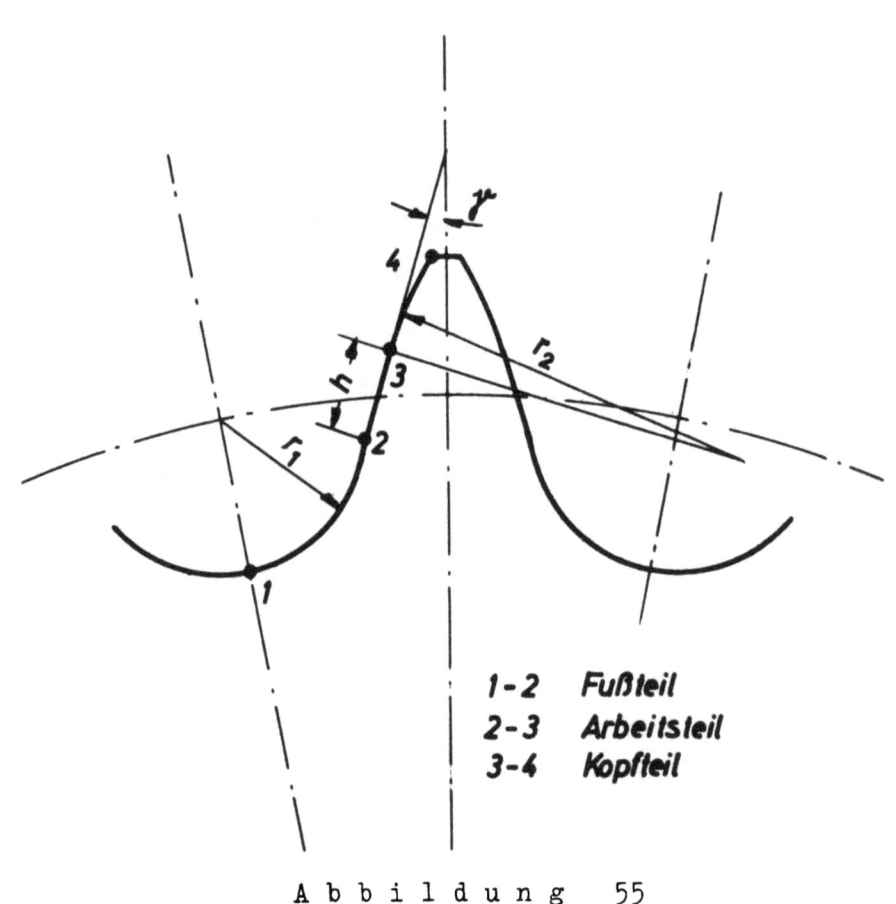

Abbildung 55
Die Zahnflanke der Kettenradverzahnung

Nach Abbildung 55 wird der Fuß-Arbeits- und Kopfteil der Zahnflanke unterschieden. Um eine ausreichende Zahnfußfestigkeit zu erhalten, wird der Zahnfuß im allgemeinen so ausgebildet, daß der Zahnfußradius etwas größer als der Rollenradius ist. Damit ist eine optimale Lösung gefunden, da für einen geringeren Zahnfußradius keine positiven Argumente angeführt werden können.

Der Kopfteil wird gerade oder auch abgerundet ausgeführt. Im Grundsatzblatt DIN 8196 ist eine Abrundung des Kopfteiles der Zahnflanke empfohlen, um ein Hängenbleiben der Kette beim Ein- und Auslauf wirksam zu verhindern. Diese Forderung gilt besonders für Kettenräder mit kleinen Zähnezahlen und sie wird mit der gleichen Tendenz erfüllt bei der wirtschaftlichen Herstellung der Kettenradverzahnung nach dem Abwälzverfahren.

Ein besonderes Augenmerk bleibt demnach auf die Ausbildung des Arbeitsteiles der Zahnflanke zu richten. Hier spricht für eine konkave Zahnflanke die geringere Hertzsche Pressung zwischen der einlaufenden Rolle und dem Zahn. Für einen konvexen Bereich der Arbeitsflanke ist anzuführen, daß bei fortschreitendem Verschleiß der erhabene Teil der Zahnflanke abgetragen werden kann, bevor ein Hängenbleiben der Kette in der Verschleißmarke zu befürchten ist. Natürlich ist es schwer, in dieser Frage eine allgemeingültige Entscheidung zu treffen. Aus diesem Grund unterscheiden sich die Tendenzen zu konkavem bzw. konvexem Arbeitsbereich bei den verschiedenen Normen. In dem Grundsatzblatt DIN 8196 ist ein Kompromiß zwischen den beiden gegensinnigen Forderungen vorgesehen worden, der sicher empfehlenswert ist.

7. Zusammenfassung

Im September 1959 wurden von dem Arbeitsausschuß Stahlgelenkketten im DNA die Blätter DIN 8196-8198 veröffentlicht. Aufgabe der vorliegenden Arbeit sollte es sein, die Zweckmäßigkeit der vorliegenden Normen zu prüfen.

Zu diesem Zweck wurden die wesentlichen Merkmale der Kettenradverzahnung getrennt betrachtet. Ein besonderes Augenmerk wurde dabei auf den Flankenwinkel der Verzahnung gerichtet. Anhand von Kettenrädern mit geraden Zahnflanken und damit definiertem Flankenwinkel über den ganzen Bereich der Zahnflanke wurden zunächst die Möglichkeiten untersucht, den Flankenwinkel zu variieren. Die obere Grenze für den Flankenwinkel wird bestimmt durch eine zu fordernde Aufnahmefähigkeit der Verzahnung für verschlissene Ketten und die Tatsache, daß die Ketten nicht über die Verzahnung springen dürfen. Die untere Grenze für den Flankenwinkel wird aus der Notwendigkeit bestimmt, daß die Kettenrollen nicht gegen den Zahnkopf stoßen dürfen.

Innerhalb des so vorgegebenen Bereichs zur Wahl des Flankenwinkels wird für die meisten Kettentriebe mit relativ kleinen Umfangsgeschwindigkeiten und großen Gelenkflächenpressungen der größtmögliche Flankenwinkel als optimal erkannt. Eine genaue Grenze der Betriebsdaten, bei denen die kleineren Flankenwinkel vorzuziehen sind, konnte noch nicht angegeben werden. Immerhin wird durch einige experimentelle Ergebnisse die Wahl des größtmöglichen Flankenwinkels für die meisten Kettentriebe als richtig bestätigt.

Damit sind die Voraussetzungen geschaffen, für Sonderverzahnungen den günstigsten Flankenwinkel zu errechnen. Nach Annahme einiger Randwerte wurde ein Vorschlag für eine Norm-Verzahnung vorgelegt. Durch Analyse der Verzahnung nach DIN 8187 konnte die vorgeschlagene Verzahnung mit der genormten verglichen werden. Es ergibt sich eine gute Überstimmung für eine Lage der Kette in dem Arbeitsteil der Zahnflanke bei den Ketten mit etwa 1/2" Teilung. Im Bereich kleiner Zähnezählen könnten die genormten Flankenwinkel für Ketten größerer Teilung etwas erhöht werden. Allerdings bleibt es offen, ob der damit zu erreichende Nutzen in einem vertretbaren Verhältnis zu den Kosten steht, die durch eine Umstellung der Fräsersätze entstehen.

Nach einer Messung der Einzelteilungsfehler an Ketten kleiner Teilung wird ein Zahnlückenspiel von etwa 0,4 % als ausreichend angesehen. Das optimale Zahnlückenspiel entspricht dem kleinstmöglichen Zahnlückenspiel, wenn man sich für den größtmöglichen Flankenwinkel entscheidet. Das genormte Zahnlückenspiel nach DIN 8196 beträgt etwa 3,2 %. Eine Änderung dieses genormten Zahnlückenspiels ist aber ebenfalls nicht zu empfehlen, da der Gewinn an größerem Flankenwinkel bei Wahl des kleinsten erforderlichen Zahnlückenspiels gering ist.

Die Untersuchungen beziehen sich im wesentlichen auf die Rollenkettentriebe. Die wichtigsten grundsätzlichen Zusammenhänge lassen sich aber auch auf die anderen Typen der Stahlgelenkketten übertragen.

                                        Dipl.-Ing. Hans-Günther Rachner

Literaturverzeichnis

[1] BINDER, R.C.   Mechanics of the Roller Chain Drive
Prentice Hall, Inc. Englewood
Cliffs N.Y. 1956

[2] GEISTER, E.   Untersuchung der Rollenkettengetriebe
und der Zahnkettengetriebe mit Berücksichtigung der Triebstockverzahnung
Dissertation 1928, T.H. Breslau

[3] WOROBJEW, N.W.   Kettentriebe
VEB Verlag Technik Berlin 1953

FORSCHUNGSBERICHTE DES LANDES NORDRHEIN-WESTFALEN

Herausgegeben durch das Kultusministerium

MASCHINENBAU

HEFT 45
Losenhausenwerk Düsseldorfer Maschinenbau AG., Düsseldorf
Untersuchungen von störenden Einflüssen auf die Lastgrenzenanzeige von Dauerschwingprüfmaschinen
1953, 36 Seiten, 11 Abb., 3 Tabellen, DM 7,25

HEFT 77
Meteor Apparatebau Paul Schmeck GmbH., Siegen
Entwicklung von Leuchtstoffröhren hoher Leistung
1954, 46 Seiten, 12 Abb., 2 Tabellen, DM 9,15

HEFT 100
Prof. Dr.-Ing. H. Opitz, Aachen
Untersuchungen von elektrischen Antrieben, Steuerungen und Regelungen an Werkzeugmaschinen
1955, 166 Seiten, 71 Abb., 3 Tabellen, DM 31,30

HEFT 136
Dipl.-Phys. P. Pilz, Remscheid
Über spezielle Probleme der Zerkleinerungstechnik von Weichstoffen
1955, 58 Seiten, 19 Abb., 2 Tabellen, DM 11,50

HEFT 147
Dr.-Ing. W. Rudisch, Unna
Untersuchung einer drehelastischen Elektromagnet-Synchronkupplung
1955, 82 Seiten, 65 Abb., DM 17,70

HEFT 183
Dr. W. Bornheim, Köln
Entwicklungsarbeiten an Flaschen- und Ampullen-Behandlungsmaschinen für die pharmazeutische Industrie
1956, 48 Seiten, 24 Abb., DM 11,70

HEFT 212
Dipl.-Ing. H. Spodig, Selm
Untersuchung zur Anwendung der Dauermagnete in der Technik
1955, 44 Seiten, 25 Abb., DM 9,80

HEFT 295
Prof. Dr.-Ing. H. Opitz und Dipl.-Ing. H. Axer, Aachen
Untersuchung und Weiterentwicklung neuartiger elektrischer Bearbeitungsverfahren
1956, 42 Seiten, 27 Abb., DM 10,30

HEFT 298
Prof. Dr.-Ing. E. Oehler, Aachen
Untersuchung von kritischen Drehzahlen, die durch Kreiselmomente verursacht werden
1956, 50 Seiten, 35 Abb., DM 13,15

HEFT 384
Prof. Dr.-Ing. H. Opitz, Aachen
Schwingungsuntersuchungen an Werkzeugmaschinen
1958, 66 Seiten, 73 Abb., DM 20,40

HEFT 412
Prof. Dr.-Ing. H. Opitz, Aachen
Kennwerte und Leistungsbedarf für Werkzeugmaschinengetriebe
1958, 72 Seiten, 35 Abb., DM 17,20

HEFT 506
Prof. Dr.-Ing. W. Meyer zur Capellen, Aachen
Der Flächeninhalt von Koppelkurven. Ein Beitrag zu ihrem Formenwandel
1958, 74 Seiten, 26 Abb., DM 21,50

HEFT 533
Prof. Dr.-Ing. H. Opitz und Dipl.-Ing. W. Hölken, Aachen
Untersuchung von Ratterschwingungen an Drehbänken
1958, 70 Seiten, 44 Abb., 2 Tabellen, DM 19,70

HEFT 606
Oberbaurat Prof. Dr.-Ing. W. Meyer zur Capellen, Aachen
Eine Getriebegruppe mit stationärem Geschwindigkeitsverlauf
1958, 34 Seiten, 21 Abb., DM 10,50

HEFT 631
Dr. E. Wedekind, Krefeld
Der Einfluß der Automatisierung auf die Struktur der Maschinen- und Arbeiterzeiten am mehrstelligen Arbeitsplatz in der Textilindustrie
1958, 72 Seiten, 32 Abb., 8 Tabellen, DM 21,10

HEFT 667
Prof. Dr.-Ing. H. Opitz und Dipl.-Ing. H. de Jong, Aachen
Schwingungs- und Geräuschuntersuchung an ortsfesten Getrieben
1959, 32 Seiten, 28 Abb., 2 Tabellen, DM 10,30

HEFT 668
Prof. Dr.-Ing. H. Opitz, Dipl.-Ing. G. Ostermann und Dipl.-Ing. M. Gappisch, Aachen
Beobachtungen über den Verschleiß an Hartmetallwerkzeugen
1958, 38 Seiten, 26 Abb., DM 12,—

HEFT 669
Prof. Dr.-Ing. H. Opitz, Dipl.-Ing. H. Uhrmeister und Dipl.-Ing. K. Jüstel, Aachen
Aufbau und Wirkungsweise einer Magnetbandsteuerung
1958, 50 Seiten, 39 Abb., DM 15,—

HEFT 670
Prof. Dr.-Ing. H. Opitz und Dipl.-Ing. W. Backé, Aachen
Untersuchung von Kopiersteuerungen
1959, 70 Seiten, 54 Abb., DM 18,80

HEFT 671
Prof. Dr.-Ing. H. Opitz, Dr.-Ing. R. Piekenbrink und Dipl.-Ing. K. Honrath, Aachen
Untersuchungen an Werkzeugmaschinenelementen
1959, 70 Seiten, 71 Abb., DM 20,—

HEFT 672
Prof. Dr.-Ing. H. Opitz, Dipl.-Ing. H. Heiermann und Dipl.-Ing. B. Rupprecht, Aachen
Untersuchungen beim Innenrundschleifen
1959, 34 Seiten, 50 Abb., DM 11,50

HEFT 673
Prof. Dr.-Ing. H. Opitz, Dipl.-Ing. H. Obrig und Dipl.-Ing. K. Ganser, Aachen
Die Bearbeitung von Werkzeugstoffen durch funkenerosives Senken
1959, 60 Seiten, 41 Abb., 1 Tabelle, DM 18,—

HEFT 676
Prof. Dr.-Ing. W. Meyer zur Capellen, Aachen
Harmonische Analyse bei Kurbeltrieben.
I. Allgemeine Zusammenhänge
1959, 38 Seiten. 10 Abb., DM 11,50

HEFT 695
Dr.-Ing. W. Herding, München
Die Fahrdynamik und das Arbeitsspiel gleisloser Erdbaugeräte als Kalkulationsgrundlage für die Bodenförderung und ihre Kosten
1960, 178 Seiten, 89 Abb., 18 Tabellen, DM 49,—

HEFT 718
Prof. Dr.-Ing. W. Meyer zur Capellen, Aachen
Die geschränkte Kurbelschleife
I. Die Bewegungsverhältnisse
1959, 110 Seiten, 54 Abb., DM 29,20

HEFT 764
Prof. Dr.-Ing. H. Opitz, Dr.-Ing. H. Siebel und Dipl.-Ing. R. Fleck, Aachen
Keramische Schneidstoffe
1959, 30 Seiten, 18 Abb., DM 9,80

HEFT 772
Prof. Dr.-Ing. W. Meyer zur Capellen
Nomogramme zur geneigten Sinuslinie
1959, 28 Seiten, 11 Abb., DM 8,50

HEFT 775
Prof. Dr.-Ing. H. Opitz
Automatische Erfassung der Maßabweichung der Werkstücke zum Zweck der selbständigen Korrektur der Maschine
1959, 38 Seiten, 27 Abb., DM 11,40

HEFT 777
Prof. Dr.-Ing. H. Opitz und Dipl.-Ing. P.-H. Brammertz, Aachen
Werkstückgüte und Fertigkeitskosten beim Innen-Feindrehen und Außenrund-Einsteckschleifen
1959, 92 Seiten, 68 Abb., DM 25,30

HEFT 788
Prof. Dr.-Ing. Herwart Opitz, Aachen
Der Einsatz radioaktiver Isotope bei Zerspannungsuntersuchungen
1959, 36 Seiten, 23 Abb., DM 11,30

HEFT 794
Dipl.-Ing. Reinhard Wilken, Düsseldorf
Das Biegen von Innenborden mit Stempeln
1959, 82 Seiten, DM 22,40

HEFT 801
Baurat Dipl.-Ing. Gesell, Duisburg
Ersatz von Quarzsand als Strahlmittel
1960, 66 Seiten, 12 Abb., 4 Tabellen, 17 Diagramme, DM 18,90

HEFT 803
Prof. Dr.-Ing. W. Meyer zur Capellen und Dipl.-Ing. E. Lenk, Aachen
Harmonische Analyse bei Kurbeltrieben. Teil II: Gleichschenklige Getriebe
1960, 69 Seiten, 15 Abb., DM 18,40

HEFT 804
Prof. Dr.-Ing. W. Meyer zur Capellen und Dipl.-Ing. W. Rath, Aachen
Die geschränkte Kurbelschleife. Teil II: Die Harmonische Analyse
1960, 66 Seiten, 14 Abb., DM 18,90

HEFT 806
Prof. Dr.-Ing. H. Opitz u. a., Aachen
Untersuchungen von Zahnradgetrieben und Zahnradbearbeitungsmaschinen
1960, 95 Seiten, 81 Abb., DM 29,30

HEFT 809
Prof. Dr.-Ing. H. Opitz und Dipl.-Ing. H. H. Herold, Aachen
Untersuchung von elektro-mechanischen Schaltelementen
1960, 35 Seiten, 16 Abb., DM 11,—

HEFT 810
Prof. Dr.-Ing. H. Opitz und Dr.-Ing. N. Maas, Aachen
Das dynamische Verhalten von Lastschaltgetrieben
1960, 97 Seiten, 77 Abb., DM 29,50

HEFT 811
Prof. Dr.-Ing. H. Opitz und Dipl.-Ing. H. Bürklin, Aachen
Fa. Schoppe & Faeser, Minden, bearbeitet im Auftrage des Forschungsinstitutes für Rationalisierung in Aachen
Über Weggeber für automatisch gesteuerte Arbeitsmaschinen

HEFT 820
Prof. Dr.-Ing. H. Opitz, Dipl.-Ing. H. Rohde und Dipl.-Ing. W. König, Aachen
Untersuchungen der Spanformung durch Spanbrecher beim Drehen mit Hartmetallwerkzeugen
1960, 35 Seiten, 16 Abb., DM 15,80

HEFT 830
Prof. Dr.-Ing. H. Opitz und Dipl.-Ing. W. Backé, Aachen
Automatisierung des Arbeitsablaufes in der spanabhebenden Fertigung

HEFT 831
Prof. Dr.-Ing. H. Opitz, Dr.-Ing. H.-G. Rohs und Dr.-Ing. G. Stute, Aachen
Statistische Untersuchungen über die Ausnutzung von Werkzeugmaschinen in der Einzel- und Massenfertigung
1960, 38 Seiten, 32 Abb., DM 13,—

HEFT 864
Prof. Dr.-Ing. H. Opitz, Aachen
Funkenarbeit und Bearbeitungsergebnis bei der funkenerosiven Bearbeitung
1960, 44 Seiten. 19 Abb., DM 13,10

HEFT 873
*Prof. Dr.-Ing. W. Meyer zur Capellen und
Dipl.-Ing. W. Rath, Aachen*
Kinematik der sphärischen Schubkurbel
1960, 38 Seiten, 13 Abb., DM 11,20

HEFT 887
Baurat Dipl.-Ing. W. Gesell, Duisburg
Arbeiten mit Preß-Formmaschinen unter Normal-Bedingungen und bei hohen spezifischen Preßdrucken

HEFT 898
Prof. Dr.-Ing. H. Opitz und H. de Jong, Aachen
Untersuchung von Zahnradgetrieben und Zahnradbearbeitungsmaschinen in Zusammenarbeit mit der Industrie

HEFT 900
Prof. Dr.-Ing. H. Opitz und Dr.-Ing. J. Bielefeld, Aachen
Automatisierung der Werkzeugmaschine für die spanabhebende Bearbeitung

HEFT 901
*Prof. Dr.-Ing. H. Opitz, Dr.-Ing. J. Bielefeld und
Dipl.-Ing. W. Kalkert, Aachen*
Lebensdauerprüfung von Zahnradgetrieben

Ein Gesamtverzeichnis der Forschungsberichte, die folgende Gebiete umfassen, kann bei Bedarf vom Verlag angefordert werden:
Acetylen / Schweißtechnik – Arbeitspsychologie und -wissenschaft – Bau / Steine / Erden – Bergbau – Biologie – Chemie – Eisenverarbeitende Industrie – Elektrotechnik / Optik – Fahrzeugbau / Gasmotoren – Farbe / Papier / Photographie – Fertigung – Gaswirtschaft – Hüttenwesen / Werkstoffkunde – Luftfahrt / Flugwissenschaften – Maschinenbau – Medizin / Pharmakologie / Physiologie – NE-Metalle – Physik – Schall / Ultraschall – Schiffahrt – Textiltechnik / Faserforschung / Wäschereiforschung – Turbinen – Verkehr – Wirtschaftswissenschaften.

If you have any concerns about our products,
you can contact us on
ProductSafety@springernature.com

In case Publisher is established outside the EU,
the EU authorized representative is:
**Springer Nature Customer Service Center GmbH
Europaplatz 3, 69115 Heidelberg, Germany**

Printed by Libri Plureos GmbH
in Hamburg, Germany